Allen　鄭亦倫————————著

NOT JUST A DRUNKARD

專業調酒瘋玩計劃

跟著調酒師喝調酒、玩調酒、練品味，
不用喝掛也能成為懂酒知識青年

CONTENTS

CHAPTER1
喝酒與調酒可以
很知青

Mocktail

CHAPTER2
喝酒小白也會愛

春季風味酒譜

Mixology

作者序

Allen 鄭亦倫
Fourplay

調酒是一種品味或階級象徵嗎？說是「生活的一環」還更貼切些，吃飯搭配餐酒，或是用完餐後跟朋友走去酒吧喝一杯，大家聊聊天或認識新的際遇，年輕人在酒吧社交、紓解工作壓力、慶祝節日、或獨飲一杯等等，就像老人家聚集廟口喝茶下棋的生活意義，不同年齡層自然會出現在某些場所，過自己喜歡的日子。

10 年前剛開酒吧，客人幾乎都是來買醉的，但現在帶著嚐心情來酒吧的客人比較多，也可以說現在的產業比較成熟，拼酒量不是一件好事，寧願愛喝，也不要拼命戰鬥證明自己的能耐。有些人會覺得「去酒吧就有可能被調酒師灌 Shot」，欸～這真的需要解釋一下，想把客人灌醉是種誤會，店家都會希望客人輕鬆地走進來，酒後正常地走出去，通常被灌酒的人要不是調酒師的朋友，就是有好酒品的熟客。

Fourplay 開業時立下了「不能與客人喝酒」的規定，每晚要服務 100 多組客人，我們工作的目的是帶給大家開心，老實說把自己或客人灌醉都沒有好處，酒品不好的話，啥事都做得出來。在酒吧上班，酒色財氣、毒、女人不碰，這份工作才能做得久。

寫這本書，除了讓喜歡調酒的人能在家自己做做看，也希望吸引更多人了解調酒的有趣、酒吧文化，也不用怕什麼都不懂，走進酒吧會被笑的窘境，就跟去買球鞋一樣，把自己的需求告訴店員，總會找到合適的鞋款。品味也是，喜好取決於個人，喝同一杯調酒，有人覺得有 500 元以上的價值，但也會有人覺得不好喝～無論如何，找到自己喜歡的口感比較重要，用心的調酒師會引導你選擇，多簡單的調酒都能看見設計巧思，從選杯、冰塊、食材、視覺味覺平衡的掌握…帶著一顆輕鬆的心坐上吧檯，享受當下吧。

對了，當你開始自己做調酒，一開始難免會抓不準味道，所以同時去酒吧喝喝看調酒師的版本、觀察他的做法，也是調酒修行中重要的一環，不恥下問，大部分調酒師都會跟你聊上幾句啦，加油！

希望《專業調酒瘋玩計劃》能讓你發現調酒的不同面向，透過慢慢喝、常常玩，拿掉心裡的刻板框框，讓調酒變成一件很生活、很自然的事。

推薦序

王靈安　資深酒保

細讀 Allen 這本書，我理所當然的覺得驚訝，
理所當然是因為 Allen 的創意永遠用不完，
永遠是遙遙領先著所有同業，
但看完後還是忍不住瞠目結舌、嘆為觀止。
真是太炫，不知道酒可以做得這麼炫！

Allen 每天像八瓜章魚一樣工作 48 小時，
回到家還要帶一個準軍校女童，
哪裡還有這個宇宙黑洞的時間吸收這麼多的資料，
想到這麼多離奇的炫技，
還有這麼多不可思議的素材！

出了這麼一本步驟操作解說詳細，
材料也說明的鉅細無遺，
不怕被人摸透學光嗎？
當然不怕，
我想每次 Allen 走下他的實驗室樓梯時，
誰知道又有什麼又新又怪的點子冒出來了。

Allen 在同業中飛馳而過，
轟～～
我們聞聲轉頭追望，
只能看見漸漸散去的塵灰，

車尾燈？
在哪？在哪？

很榮幸有機會跟 Allen 共事幾年，
每年除夕一定會接到 Allen 從花蓮老家打來電話拜年，
好朋友一定要相挺的，
Allen run！
Allen run run run！

楊光宗 亞都麗緻飯店天香樓行政主廚

哇～ Allen 的調酒吧就像實驗室，真是大開眼界，而我的廚房只是
鍋、碗、瓢、盆，大小刀具再加上鍋鏟炒杓，他裡面竟然是各種的
儀器、器皿，如同做研究般，他就如同一位化學研究學者，真是讓
我對調酒大開眼界，也顛覆了原有的看法及想法，這是第一次進到
調酒工作室的印象，從中就知道這位調酒研究者，是如何在客人酒
杯裡，客制化的孕育不同個性靈魂的調酒。

Allen 是在一次餐酒合作認識的夥伴，我做杭州菜與他的調酒搭配，
沒想到也如此地契合，在討論的過程中，發現到 Allen 腦海中的創
意無限，也感受到他對調酒充滿了熱情與熱忱，更看到眼光中迸出
閃閃的亮光，就知道他對這行業的執著與心中的愛。

我想我們廚藝的學習也要像他的精神般，就如同他所說：「學習調
酒不要去怕用不熟悉不了解的東西。」其實和我做菜一樣，多方去
涉獵才能迸出不同的火花，當聽到他要出書，心中非常期待及渴望，
我對調酒也充滿著好奇與興趣，這本書可解惑我對調酒領域的不
足，也可從中得到更多的知識，同時增廣了我對調酒及餐搭酒的視
野，相信這本書可為有興趣的入門者，帶來更多的相關衝擊，也可
從中得到期待的調酒領域知識，並成為入門者的工具書。

相信 Allen 更想要把長久以來對調酒的這份熱情與愛，透過這本書
與大家盡情地分享，我們一起迎接這本書的誕生。

陳寶旭　監製

有一段時間很喜歡讀勞倫斯卜洛克的馬修史卡德系列小說，《八百萬種死法》、《酒店關門之後》、《屠宰場之舞》…，幾乎新書一出就想立馬追完。

除了對於犯罪佈局和人性的深刻描寫，馬修史卡德這個落魄偵探從酗酒到戒酒的角色旅程更令我著迷，他喜歡去位於第九大道的阿姆斯壯酒吧，差不多就是他的辦公室，女侍酒保都認得他，這人總是窩坐在後方角落喝不摻水的純威士忌或加了波本的咖啡，偶爾接待坐在他對面的委託人。

馬修和經營葛洛根酒吧的屠夫朋友米基・巴魯經常有很玄的對話。還在參加 AA 匿名戒酒協會的偵探經常有想喝酒的念頭，但他每天都告誡自己：戒一天算一天，這也是 AA 最知名的戒酒金句。

某日他走進葛洛根酒吧，站在吧台後的米基・巴魯說：「你是史卡德。」

「是的。」
「我不認識你，不過我見過你，你也見過我。」
「是的。」
「你在找我，現在我人在這裡了。」他說：「你喝什麼，老兄？」
「我喝可樂。」
「你不喝酒。」他說。
「今天不喝。」
「你一點都不喝，還是你不跟我喝？」
「我一點都不喝。」
「一點都不喝，」他問：「那是什麼滋味？」
「還好。」
「很難熬嗎？」
「有時候，不過有時候喝酒也很難熬。」
「啊！」他說：「真是他媽的真理。」

讀這套小說大約十年期間，我走進了 Allen 的酒吧 Fourplay，坐上他的吧台，也開始和 Allen 的對話。常聽人說：「酒保往往被當作另類的神父或心理醫師。」

一點也沒錯，雖然我不是偵探，也沒憂鬱到需要看心理醫師的程度（偶而酗酒是有的），但 Allen 給人的感覺，就是一個很棒的傾聽者。他自創的情緒調酒系列，正是以酒客的心事為基底，將那些酸甜苦的人生滋味化為色彩繽紛又饒富造型的飲品，進而和當事人對話的魔法。

有一段時間，電影圈酒鬼們經常聚集在 Fourplay 鬼混瞎聊，每當有人要推出新作品，大家總會起哄讓 Allen 幫電影做一杯特調，久而久之，我們的電影都有自己專屬的一杯酒。

因為辦公室和 Fourplay 都在東豐街上，我經常在酒吧開門的時候就坐到他的吧台前，有一搭沒一搭地聊著他和酒客們的故事，想著總有一天要把這些故事拍成戲。這次 Allen 的書裡有幾杯以海明威為靈感的調酒，一邊讀一邊喝，酒鬼的幸福感油然而生，馬修史卡德，如果你也住在東豐街，一定也捨不得戒酒的！

推薦序　　　　樓一安 導演

接觸調酒也就這幾年的事。

過去覺得這不就小女生的玩意兒？

好像酒一定要喝純的才夠味。

後來 Allen 的常客－監製寶旭姐想做關於調酒師的影集，

介紹我看 Allen 一系列關於調酒的專欄，

我的想法這才開始有了轉變。

在他的專欄裡，

每個酒客會搭配一杯調酒，

我邊看邊照著他的酒譜自己在家調，

彷彿也喝進了 Allen 筆下這些酒客的辛酸喜樂。

我慢慢發現，

調酒可不只刻板印象裡小女生酸酸甜甜的戀愛滋味，

它結合了酸甜苦這三種味覺元素，

混攪的是人生的滋味。

接著我各式酒類和調酒器具越買越多，

每天嘗試不同的調酒，

同時也在寶旭姐的督促下，

開始編寫關於那個調酒師的劇本…

鄭偉柏　主持人、製作人

電影《擺渡人》中有句台詞：「我喜歡這杯酒的名字，See you tomorrow，喝完這杯酒，我的夜晚變得如此短暫，但是它讓我可以期待每一個明天，因為每一個明天，我都可以見到你。這就是我的理由。」

Fourplay 有杯經典調酒－《寶貝睡三天》，不僅好看、好喝、還很好睡，多年前我在一次電影人的聚會中，看到我那知名電影監製好友喝了、睡了、放鬆了。在長年高壓卻又熱愛的電影人生中，我相信那杯酒讓她獲得短暫的休息與快慰，這是 Fourplay 的魅力、調酒的功力。這酒館，早已在台北享譽盛名，這店主，Allen，我稱他為『東豐街第一帥』，後來想想東豐街太短了，不足以襯出他的才華、帥氣與內涵，於是修正了一下，他成了『東區第一帥』調酒師。

我主持的訪談節目《E!Studio 藝鏡到底》，經過二季的攝影棚錄製後，決定調整型態，或許受訪來賓大多是影視產業專業人士，才華洋溢，往往三杯黃湯下肚更是真情流露、暢所欲言，邀請來賓在節目中邊喝邊聊成為《Talk 一杯》的靈魂主軸，Allen、Fourplay 成為節目的重要存在。

超過二十年的調酒經驗，讓 Allen 信手捻來都是一杯獨特的調酒，只要坐在吧台和他聊個五分鐘，彷彿擁有讀心術般，他會端上一杯專屬你的特調，喝下去，喝得已不是形，是意。

Allen 為《Talk 一杯》每一集的主題及來賓做出專屬特調：《刺激1995》、《機智醫生生活》、《誰是被害者》、《親愛的房客》…隨著節目錄製進度，酒單繼續延伸。這是我近年最享受的工作體驗，相信光臨節目的藝人明星、職人及經紀人也相當同意。

Allen 的新書《專業調酒瘋玩計劃》，是他的專業、意念及 Fourplay 的延伸，不同酒齡的朋友，都能在這本書中汲取有用的資訊、酒品及態度。幫大家劃另一個重點，不只酒譜、內文，連書中的照片都是他專業攝影作品，太逼人了，東區第一帥，不要這麼有才華，好嗎？

Do you
want to drink
something?

BARTENDING TECHNIQUES

BEFORE 開始玩調酒之前

喝酒與調酒可以很知青

調酒基礎／經典調酒 Twist ／ Mocktail

Gin Fizz
White Russia

Mojito
New York Sour

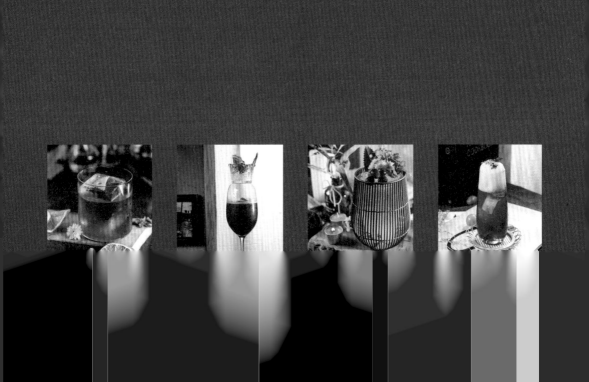

ALLEN'S TALK

酒鬼也能專業養成？

　　喝酒是一件很輕鬆的事，也有機會變成專業，該怎麼說呢？有一種客人擁有這種潛力：他可能很熟悉自己的喜好，或是抱持著赤子之心跟調酒師討論調酒的口感；他可能一個人來或約了朋友，喝多也不太會失控，或在失控的一群裡表現得還算鎮定；他對於調酒師使用的酒、食材有點好奇，來店幾次偶爾會跟你討論基酒品牌，或分享他這段時間去了哪裡喝、品飲的感受，有時會聊到一些生活瑣事，相處起來舒服，有點像朋友。

　　讓喝酒變成專業，知道自己喜歡的風味與口感、了解酒吧生態、練好自己的酒量、規劃每個月的酒錢（真的不要因為喝酒破產

啊），會是幾個重要的大前提。調酒的種類跟製作方法有很多，想成為專業酒客甚至是專業酒鬼，可從研究自己喜歡的基酒品牌開始，或是嘗試各種不同的 Classic cocktail、Signature cocktail 開始入門。如果實在是對酒一竅不通的喝酒小白，沒關係，從水果類的調酒開始先認識風味，等你慢慢可以接受酒精強度，再嘗試不同的經典調酒、創意調酒。或是你對某種基酒有興趣，但不太敢喝，還是可以漸進式練習啊，比方說威士忌，先喝 Whisky Highball、Whisky Sour 這類酸甜又帶有氣泡感的調飲，然後嘗試 Old Fashioned、Boulevardier，已經很習慣酒感之後，就喝喝看泥煤味的艾雷島威士忌，感

受一下煙燻味是什麼、桶味又是什麼，循序練習喝就好，給自己各種機會認識調酒的迷人和深度。

　說真的，如果有心成為專業酒鬼，很多條條框框先拿掉，嘗試各式各樣的味道是一定必要的，這樣想研究的世界才會變得很大、進步也才會快。常聽到有些客人會說：「我只喝某某牌子的酒。」請問大大，您是只知道那個品牌，還是只愛那個品牌呢？無論是那個，都已經先被自己框住了對吧？調酒世界這麼大、這麼精采、這麼多元，只認識一次酒，是多麼可惜的事。如果你對經典調酒很有興趣而且想要認真研究一輪，無論是

Gin Tonic、Martini、Side Car 都好，到處去喝看看，因為每個酒吧做出來的味道都、不、一、樣！試著找出自己最愛的配方味道、感受調酒師的技術和手法，再和調酒師多聊多問，相信你可以得到豐富的品飲經驗，進而內化成自己想要的知識，這樣就不只是花了酒錢而已，不僅喝酒快樂又多了人生閱歷。

　但是，重點提醒一下，酒吧雖然很歡樂，也有隱形的禮數，有一次客人 A 問我：「啊你會調長島冰茶嗎？來一杯。」哈，我想，你去醫院的時候，該不會問護士會不會量血壓吧？希望各位在喝酒這條路上都平安順心喝酒不開車，開車不喝酒。

來說說酒吧和調酒師這個工作

不少人覺得酒吧這個環境和調酒師的工作有點神秘，但其實也沒那麼神秘啦，年輕一點的調酒師工作日常像是下班後跟同事去唱歌喝酒、聊天、吃熱炒，混到早上吃個早餐回家洗洗睡到上班前，這可能也是客人對於調酒師下班後生活的既定印象：「調酒師很會玩」、「調酒師的生活很 Chill、很有趣」，當然我們接觸很多客人、形形色色的好壞，可能就比你男朋友風趣一點點而已，畢竟讓客人在酒吧感到放鬆愉快也是調酒師的工作之一。

除了酒客們的既定印象，想入行的人也會抱著美好幻想，有些剛入行的調酒師會被「站吧很帥」所迷惑，誤會啊誤會，站吧台其實就和戰場一樣，每天晚上開門營業像打仗。而且不少人會用框架來看調酒師，覺得你很光鮮亮麗、女朋友好像很多而被敬而遠之，殊不知調酒師工作時間很長、很高壓，重要節日也不能常陪家人和另一半也是常有的事，所以初入行的人會發現：「怎麼調酒師還要做那麼多雜事、私人時間那麼少！」因此放棄從事這行而離職的人也非常多。

那麼，調酒師上班都在幹嘛咧？通常開店之前，要花時間先準備食材、器具，等酒客們開心喝完打烊後要整理清潔收拾，自己要利用零碎時間研究調酒技法、風味變化、最

近的流行趨勢…等，不斷突破自己和精進累積，才能不斷地帶給酒客新的品飲體驗，讓他們感覺到你的調酒真的夠特別或是口味能抓住他們的心。

　　在每個重要節日，就是酒吧生意最好也忙翻的時候，最最最考驗調酒師和整個團隊。客人入場前，可能已經等了 1、2 個小時，這時還有耐心，但入座後半小時內沒喝到點的酒，眼神就會飄向吧台頻頻關注 Shake 到手快斷的調酒師們。假設店裡有 60 個位子而且全滿的話，調酒師在 1 小時內可能要出 60 杯酒，代表不到 1 分鐘要出 1 杯酒。為了加快效率，我們必須依照經驗把點單快速分類，判斷哪些杯子要先冰、哪些水果要先削，把製作複雜、比較費時的酒先出掉，好讓比較簡單做的酒跟著快速出掉。做酒的手速不僅得快，有的還要加裝飾，還不包括花時間應對那些和你玩「猜猜我今天適合喝什麼酒」的客人們，現場工作壓力其實很大，所以團隊合作及默契非常重要，完全會影響出酒是否流暢、能不能滿足所有客人。這時如果遇到不催酒又願意讓你自由設計調酒的熟客，只說：「Allen，我今天就喝 4 杯，交給你處理」，那真的是神之降臨啊。

　　不曉得說完調酒師的工作樣貌之後，大家會不會覺得和你想的有點不太一樣呢？

Q&A

如何在家調一杯？

　　首先，要知道自己此時此刻想喝什麼，很簡單的也可以。如果你想在家做馬丁尼，可以用一個鐵的冷水瓶，加入琴酒、苦艾酒、適量的水，不加冰塊搖盪後放入冷凍庫一個晚上，隔天拿出來就是一杯很棒的馬丁尼了。為什麼會想到這樣做？因為我在家就是這樣做的。常備一隻喜歡的基酒在家就好，買全套也是挺花錢的。

　　對於居家調酒，相信大家多少仍會想要發問，以下提供 10 個快問快答～

Q1

想在家嘗試 HOME BAR，
有好記好學的調酒公式嗎？

基酒 ＋ 填充物 ＋ 風味

想在家簡單玩調酒，先選定「基酒」、「填充物」、「風味」這三項要素，舉例來說，琴酒＋通寧水＋檸檬角，就是 Gin Tonic 啦；用伏特加＋蜂蜜氣泡水＋檸檬角，則又是另一種喝法，大家依喜好來實驗做替換。

由於基酒的酒精濃度高，需要稀釋和注入風味才能做調酒。比方選用 40%、50% 的基酒，然後把風味做到基酒裡，再加入大量填充物做稀釋，完成後的酒精濃度會落在 10～12% 左右，這就是一般調酒的基本濃度。

所謂的「填充物」，就是不同口味的氣泡水、茶類、各種

果汁，在一杯調酒裡，它佔了比較多的比例，也柔化了品飲者對於酒精濃度的感受。而在酸甜的掌握上，甜味來源可以用糖漿、果醬、蜂蜜、楓糖，甚至巧克力；酸味來源除了檸檬汁，水果醋也很好用，像是蘋果醋＋蘋果西打＋伏特加＋肉桂味威士忌，喝起來帶有肉桂香氣、氣泡口感和酸甜感受。

對於剛開始玩居家調酒但不想買太多基酒的人，你先選定一款最喜歡的基酒，再規劃如何應用，比方琴酒 1 瓶是 700ml 左右，可以用 100ml 做伯爵茶琴酒，再用 100ml 做利口酒，類似這樣做小份量規劃，之後加入蘇打水或酸甜

汁就可以做調飲。如果家裡有種香草，比方迷迭香，取下迷迭香做清洗再確實擦乾，放入琴酒中靜置一晚，隔天就得到迷迭香琴酒了。之後加入通寧水或有果糖的汽水，就完成輕酒精系飲品。大家用以上的概念來嘗試看看，比較好買也好操作。

像這類飲品在世界上滿流行的，也就是低酒精調飲 Low-achol-cocktail，甚至是無酒精的 Mocktail，主要為了讓大家在喝東西的同時，能清醒地和別人交談，但同時又滿足了開心舒服的品飲需求，可以補一點酒精的感覺～

Q2

如何準備冰塊做使用，以及超商冰塊可以嗎？

冰塊也有乾濕之分，各自對應不同的調製需求。將冰塊凍很久，凍到表面都已經結霜的狀態，那種就是乾冰塊。在結霜的狀態下直接用，它的融水量比較長，適合長飲的調酒，不會太快就降低了品飲溫度。至於超商賣的衛生冰塊比較適合需要碎冰製作的調酒，比方做 Mojito，小塊又好敲碎。

如果在調酒製作之前，把乾冰塊拿出來先放置室溫下，放個 10 分鐘，就變成濕冰塊了，這種冰塊在調酒 Mix 的同時能不斷化水，以延展香氣。但如果此時變心，想改做長飲調酒的話，千萬不要覺得浪費或麻煩，而把濕冰塊直接丟入調酒中好嗎？這時請回冰成乾冰塊再使用，不然調酒真的會、很、淡！回冰前，用保鮮膜包覆冰塊再放冷凍庫，這樣冰塊就不會因為已回溫而黏在製冰盒或容器裡，方便你拿出來馬上用。

Q3

想在家做茶糖或利口酒，製作上要注意哪些事？

■ 茶糖做法

相較於自製糖漿，滿建議大家在家玩茶糖，只要準備 1L 的水兌 600g 的二砂就可以。但是愛注意喔，南部水庫的水質比較偏硬水，北部水庫較偏軟水，用軟水的話，比例就要調到 1：1。比方用伯爵茶包濃泡（過萃）成茶湯，再倒入二砂煮至收乾（或做成糖漿）；也可以換成烏龍茶包、洋甘菊茶包、花果茶包。但如果你是想要花香類的糖漿，就建議買市售品，因為花的味道淡，它需要油萃水萃，在家操作實在太過複雜。

將做好的茶糖加入果泥，就變成果醬；或是做成風味糖漿，再加入蘇打水做成風味汽水。

■ 利口酒做法

在家做利口酒也很容易，用水果類、各種茶類都很適合，只要準備烈酒類、二砂，然後選定想做的風味就可以。以柚子為例，把柚子肉泡酒，泡 3 個月之後加入二砂，比例是每 100ml 就加 25g 二砂，等待糖完全自然融解，再加水稀釋到 20% 左右，就完成啦。記得要冰存喔，並於 1 個月內喝完。

選用水果時要留意「味道太淡的水果不適合」，像是水梨、蓮霧、火龍果；容易氧化的水果，像是蘋果、楊桃…等，也不適合做利口酒。可以用草莓、水蜜桃、西瓜、香瓜、荔枝、小黃瓜，做利口酒的效果就比較好。

> 做茶糖 POINT
>
> 水質會影響調製比例

> 做利口酒 POINT
>
> 味道太淡的水果不適合

Q4

事前的冰杯重要嗎？
會有什麼影響？

杯子溫度會影響品飲感受，所以冰杯很重要，酒鬼們必備，隨時要喝才能派上用場！

我家的冷凍庫常備馬丁尼杯、Shot 杯、啤酒杯，然後強烈建議大家，杯子放在密封性好的保鮮盒裡再放入冰箱，不然冰好的杯可能會有魚啊肉啊…等這類你不會想要的可怕雜味，沒有人想要馬丁尼喝起來有魚味吧～

Q5

用蘇打水調酒，每次喝的時候氣泡很快就沒了…要如何維持氣泡？

想做有豐沛氣泡口感的調酒，最重要的是所有材料都要夠冰，杯子夠冰、酒夠冰、蘇打水或風味氣泡水也要夠冰。因為冷空氣是往下的，溫度越冰能減緩冷空氣上升，如果材料溫度比較高，即便是在常溫下，氣泡也會一直被帶走，調好的酒喝起來的氣泡感就會變得很弱。

總之，溫度對調酒來說真的很重要，我們調酒不只是調酒的溫度，還有杯子的溫度，和心的溫度～

Q6

搗碎香草使用或是
直接拍一下，帶給品飲者
感受上的差別是？

這兩者的差異是，你想帶給品飲者明顯的口感？還是單純香氣就好？以薄荷葉來舉例說明，搗碎是為了口感（輕搗就可以），讓薄荷味道在酒裡均勻地釋發開來，味蕾能有強烈的感覺；而調製後做裝飾時，取一株薄荷拍一下，或是直接用薄荷拍打杯口邊緣，都是為了取其香氣，讓品飲者能第一時間感受薄荷的清新氣息。

Q7

想用柑橘皮油增添調酒香氣，有哪些操作方式？

可以擠壓果皮，或是扭轉果皮，這兩者的目的不大一樣。

擠壓果皮，讓皮油留在杯緣附近

切下果皮時，準備噴皮油時，讓白膜朝著自己、光滑果皮則面對目標物，例如酒杯，這樣皮油才好擠出。大致的動作是：用大拇指和中指捏住果皮，再以食指撐住柳橙皮的內側，然後用食指的指尖向前擠壓，從酒杯杯緣下方往上方噴灑皮油，讓香氣留在杯緣附近。

扭轉果皮，讓香氣更持久

將果皮切成長條，用雙手稍微扭轉果皮，再將果皮投入酒杯裡，也有人會在杯口抹個半圈再投入，無論是哪個，香氣都能留在調酒裡比較長的時間。

Q8

調酒師推薦！哪些小素材能讓調酒更方便？

我覺得超商或超市買得到的檸檬冰磚很好用耶，它是酸度夠的原汁，當你不想大費周章為了一杯調酒榨汁弄髒手時，取1顆讓它靜置融化，就有檸檬汁能調酒啦；也可以丟1顆到氣泡水裡或做 Gin fizz 這類的調酒。但千萬別用還原果汁，因為那種果汁是為了打開即飲，它味道的飽和度不夠，無法拿來調酒使用。

另外，有味道的氣泡水也滿好用，像是蘋果蘇打、蜂蜜氣泡水…等，蜂蜜氣泡水和威士忌一起調成蜂蜜 Highball，簡單又超好喝；蘋果蘇打則可以和琴酒、伏特加一起調，喝起來的味道也是很棒。

Q9

經典酒譜喝膩了，如何玩 Twist 換素材不出錯？

想嘗試簡單 Twist 時，記得基酒不要換，或是用原本的基酒加味、變換甜度或酸度的質地，喝起來就會不一樣。舉例來說，做 White lady 這杯調酒會用到琴酒、君度橙酒、檸檬汁這三項素材，你可以拿洋甘菊泡琴酒，或是把君度橙酒換成風味糖漿，也可以把君度橙酒拿去做 Infuse，這樣做出來的 White lady 就有不一樣的個性和品飲感受。

Q10

哪些家用器具可拿來玩調酒，用生活素材怎麼取代？

如果你是剛開始接觸調酒的小白，不確定對調酒是不是有很大的興趣，還不想購入調酒器具的話，是有幾個替換選項。比方你沒有長吧匙，那就用煮火鍋用的木製長筷來攪拌；沒有雪克杯，可以用 500ml 的冰霸杯或中型保溫杯，使用前先評估一下瓶內空間足夠，才好進行 Shake 的動作。

TOOLS

居家版！調酒器材傢私買這些

❶ 波士頓雪克杯

Boston Shaker

它是兩件式的，操作上較輕鬆簡單，適合初學者。由於杯內空間比較大，適合放入水果…等多樣素材，以利旋轉和降溫，但要注意化冰化水的速度快，掌握好時間，以免味道被稀釋。

❷ 三節式／三段式雪克杯

Cobbler Shaker

和波士頓雪克杯相比，其容量較小，但相反地好掌握化水的程度。做經典調酒時滿常用到它，因為一般只加酒、檸檬汁或糖，素材很少。

❸ 酒嘴

Pourer

由金屬酒嘴、氣孔、橡膠環組成，橡膠環適用於大部分口徑的瓶口，塞緊後，酒會往下走、空氣往上注，可控制酒水倒出速度和流量。

❹ 隔冰器

Stainer

如果你預算不夠高，你可以買Rolling strainer，它可以斜插進雪克杯中，而且除了隔冰功能之外，也可以 Rolling 使用。

❺ 冰夾

Ice Tongs

冰夾是鋸齒狀的，如果冰塊開始融水，用手會拿不起來，而且使用冰夾會…讓你看起來比較專業～另外，我也會用冰夾來夾住檸檬角擠汁，比較衛生又方便。

❻ 雙層／單層濾網

Filter Mesh

單層濾網能濾大部分的雜質，雙層濾網可進階過濾細碎的物質，讓酒體更清澈、優雅，像是加蛋白的調酒，用雙層濾網過濾，泡沫感會比較細緻。

❼ 手持壓汁機

Squeezer

手持版本相較榨汁機或轉動的榨汁機，使用上比較方便省力，也不容易榨出苦味。

❽ 果汁機

Juicer

冰沙、碎冰、新鮮水果類的調酒，適合使用果汁機，能良好打勻所有食材，品嚐的口感也比較平衡。

❾ 削皮刀

Peeler

想要以水果皮油增加酒體香氣時，削皮刀是你的好幫手。

❿ 手持式攪拌棒

Hand Blender

若調酒有加蛋白，可先用攪拌棒打發，再使用雪克杯搖盪，口感會更綿密。

⓫ 長吧匙

Long Bar Spoon

越長的吧匙使用起來越輕鬆，市面上也有伸縮型的吧匙，短板當小湯匙、長板可以拿來抓背（開玩笑的啦）。

⓬ 量酒器

Jigger

盡量買常規份量的量酒器（一邊 30ml、一邊 45ml），配著酒譜使用比較輕鬆。

ELEMENTS

淺談花・草・果・木元素
如何放入調酒裡

　　想為調酒增味，自己養些綠色植物是必備的，只要跑一趟花市就能挖到很多寶，新鮮花草任你選，絕對值得～像是大家很熟悉的薄荷，我建議買個兩種以上，比方青箭薄荷（帶有清涼感）、茱麗葉薄荷（味道強烈又直接）…等混合來做 Mojito，依自己喜好調比例，讓調酒成品的香氣層次更豐富，你的 Mojito 一定和別人不一樣。

　　其他很好用的，像是檸檬香茅（可以做東南亞風味調酒）、迷迭香、芳香萬壽菊、左手香…等，可以玩出各種味道。我習慣買新鮮香草，好處是可以親自感受、觸摸、嗅聞植物味道是不是自己喜歡的，再做進調酒裡。

調性	採買場域	生活素材舉例	應用
花香調	花店	玉蘭花、玫瑰花水、玫瑰花…等 註：如果新鮮玉蘭花要做進酒裡，要使用有機無農藥的；若無法取得，可買市售的玉蘭花茶取代	可藉由浸漬 Infuse、蒸餾成水、做成各種風味糖漿…等，增加或襯托酒體的香氣。
草本調	花市、植栽店	薄荷、迷迭香、紫蘇…等盆栽類	所有的香料盆栽類的元素，都是藉由拍打、加熱、揉捏，快速暴力的製造草本香氣。在酒水中搗拌草本元素，可增加或襯托酒體的香草味。
果香調	果菜市場、超級市場、量販店	台灣 12 節氣水果…等	台灣是水果王國，每個月都有不同的水果可選擇，以初學者來說可以挑選比較有特色的水果來製作調酒，像是草莓、西瓜、芒果、柳丁、葡萄柚…一來風味比較明顯，二來也比較好想像完成品的味道。
木質調	花市、植栽店	肖楠木、檜木、龍眼木、櫻桃木、檀香	使用木頭可增加酒體木質香氣，也可煙燻、或是浸泡 Infuse，讓鼻子靠近調酒杯口的時候，透過嗅聞而有更豐富層次的感受。

flower, grass
fruits, wood

TYPE

居家調酒可用的基本杯型

介紹一些酒吧常見且居家調酒也一定要有的杯款，它們適用於 70% 的調酒、經典調酒。對調酒設計來說，外觀也是考量整體視覺的一環，每個杯子都有它存在的必要性與原因，以下介紹 5 種給大家。

❶ 馬丁尼杯

這是雞尾酒之王－馬丁尼專屬的容器，如果你想學調酒，這杯子請納入必備器具清單。

❷ 威士忌杯

Whisky Glass

威士忌杯也稱為 Old Fashioned Glass 或是 Rock Glass，短型圓筒狀杯身，一般杯口寬 7～8cm，適合放大冰塊。

❸ 老式香檳杯

Coupe Glass

杯身較矮的香檳杯，也有人稱碟型香檳杯，因為杯體就像盤子、飛碟一樣寬。

❹ Highball 杯

又稱高球杯，適合盛裝長飲型的調酒或有氣泡的飲料，杯口較小，長型圓筒杯身。

❺ Nick & Nora

杯型介於馬丁尼杯與碟型香檳杯的杯種，常用於不加冰的經典調酒。

BASE

了解基酒

❶ 琴酒

Gin

琴酒是這幾年崛起的強勢基酒，市面上已經有上千種風味、品牌，你絕對能找到喜歡的風味。琴酒主要的成分是杜松子，在航海盛行的年代，琴酒是船上必備的醫療用品，常用來緩解水手因水土不服產生的熱病，杜松子有利尿解熱的功效。講回正題，琴酒有幾個類型：甜度比較高的 Old Tom Gin、自帶甜度不額外加糖的 Dry Gin、酒精濃度不得低於 25% 的黑刺李琴酒 Sloe Gin、特殊原料製成的 New world gin、充滿野勁的琴酒前身 Genever。

❷ 波本威士忌

Bourbon Whisky

法令規定製作波本威士忌，要使用全新的橡木桶。基本上 51% 的原物料是玉米，其他的原料包含小麥、裸麥⋯等，裝瓶的酒精濃度至少有 40%。當威士忌浸泡在橡木桶進行熟成步驟時，顏色會慢慢呈現琥珀色澤。波本口感偏辛辣，酒感也比較醇厚，喝起來會有明顯的穀物味。

❸ 蘇格蘭威士忌

Scotch Whisky

蘇格蘭威士忌是一種只在蘇格蘭生產的威士忌，不論是單一麥芽、穀物、調和式威士忌，必須在蘇格蘭本地蒸餾，至少蒸餾兩次，裝瓶時酒精濃度至少要 40%。傳統來說蘇格蘭威士忌的特點，是製造過程會使用泥煤來燻麥芽，使得威士忌有種特殊的泥煤味，有人超愛、有人超討厭，而現在的風味多元，市面上除了泥煤風味，還有其他風味的產品，只能說威士忌以後的前途無量啊！

MEMO

說到琴酒，有些人會聯想到經典酒譜 Martini，當然它有各式各樣的做法變化，像是除了用琴酒再補一點同樣風味的苦精，來襯脫琴酒本身的味道，讓整杯調酒更強烈；如果想呈現清新氛圍，有時我會用 Hendricks 的經典款來調製，帶有小黃瓜、玫瑰芬芳氣息，讓品飲感受更加平易近人。

❹ 龍舌蘭

Tequila

想必各位酒友在喝 Shot 的時候，一定又愛又怕 Teqiula。Tequila 是墨西哥的原生酒品，且只能使用特定地區的一種稱為藍色龍舌蘭草 Blue Agave，蒸餾而成的酒體才稱為 Tequila。

❺ 伏特加

Vodka

大多數的伏特加品牌來自俄羅斯，當然，其他國家也有伏特加品牌。伏特加的成分大多是穀物、玉米、或馬鈴薯，經由糖化、發酵、蒸餾後過濾成為純淨的「乙醇」。沒有雜味、絕對乾淨，因此伏特加也稱「生命之水」。

❻ 白蘭地

Brandy

白蘭地選用酸度較高的葡萄品種作為原料。如果你有看過葡萄酒相關的書，會知道「土」對葡萄口感的影響很大，碳酸鈣豐富的土讓適合生產白蘭地，會有一股細緻的香氣。白蘭地分為兩種：產自法國波爾多的「干邑 Congnac」，以及法國最古老的「雅文邑 Armagnac」，最早生產記錄可追溯至 1310 年。

❼ 蘭姆酒

Rum

古巴是蘭姆酒的生產地，由甘蔗蜜糖為原料（就是做砂糖後剩下的渣渣），透過發酵、蒸餾的方式製成清澈透明的酒體。依照顏色分為白蘭姆、金蘭姆與黑蘭姆，顏色越深越濃。蘭姆酒的口感甜蜜圓潤，適合當作雞尾酒的基酒，像 Mojito 就是蘭姆酒類別的經典調酒。

分享一個冷知識～蘭姆酒的法規是所有烈酒中最鬆散的，如果你看到蘭姆酒用 X.O.、V.S.O.P 標示等級的話不要覺得奇怪，因為蘭姆酒真的是它愛怎樣就怎樣。

MEMO

一定要買多支基酒才能玩調酒嗎？

在這本書中，我會分享許多玩 Infuse（自製風味酒／浸漬酒）的做法與配方，自己用基酒加上食材做實驗，用這些自製風味酒能讓調酒更有變化和研究樂趣。就算你只有幾隻基酒，或只有一支伏特加，也能玩得很盡興，因為食材風味選擇真的非常多。但是建議剛開始玩 Infuse 的人，先跟著書中酒譜的食材份量、溫度設定、浸泡時間來做，減低失敗率，等你漸漸實驗出心得，再嘗試換成想要試的食材或調整設定。

BARTENDING BASICS

調酒技巧示範

❶ 搖盪法 Shake

主要目的為迅速降溫、混合液體、打入空氣。此方法的化水量會比較多，化水是冰塊融成水的水量。

❸ 滾動法 Rolling

看過印度拉茶嗎，對，概念差不多。透過大量的空氣滾動，創造液體綿密的口感。需要加入 Rolling Stainer 一起練習，等你學會了，就是拉風，只有拉風。

❷ 漂浮法 Float

有沒有看過某些調酒會分層？創造層次的方法就是 Float。酒精濃度越高越輕、甜度越重越濃，藉著長吧匙（Bar spoon），將不同比重的液體緩慢地倒入酒杯中即可，若酒體冷凍過也會比較好分層。

Shake or mix cocktail

❹ 直接注入法 Build

它是直接注入法，不用攪拌、也不用顧慮到分層效果，是一個單純注入酒水的動作，像是 Screwdriver（伏特加＋柳橙汁）或是 Gin Tonic（琴酒＋通寧水）都會用到 Build。

❺ 攪碎法 Muddle

將水果與其他素材結合，藉由搗拌的動作將食材破壞，讓風味釋放，通常會跟 Shake 一起綜合使用。

❻ 攪拌法 Stir

可迅速降溫、混合物體，但沒有灌氣的作用，不過能藉由手指轉動及旋轉的次數，有效控制化水量。

留意一下，需將長吧匙放在無名指和中指的中間，攪拌的時候，大拇指和食指是支撐，運動的只有無名指和中指，中指往後拉，無名指往前推，湯匙的背緣緊貼杯壁，攪的時候不能有聲音，必須平行旋轉以避免擊碎冰塊而化水，也不會把上面 20 多°C 的空氣往酒水裡頭攪，讓調酒產生溫變。

別小看長吧匙，光是練習就能讓人練到手抽筋了。長吧匙上半部有個搖擺點，下方則是支點，上半部長，攪動比較省力，越短的話則越費力（搖擺點越小、支點越小），久而久之就能練出巧勁來。

❼ 果菜機攪拌法／混合法 Blender

如果想要做水果類、蔬菜類、冰沙類的調酒，Blender 一定要有。除了必備手持攪拌棒，「小太陽果汁機」也是調酒師的好朋友。

KEYWORDS

調酒術語 &
點酒關鍵字速成

在酒吧喝酒，有時候可能會聽到調酒師和酒客點酒的對話中參雜一些詞句，聽起來有點陌生又令人好奇，其實不是什麼通關密語啦，只是可以簡短地說出你的點酒需求，如此而已，以下分享幾個調酒術語和點酒關鍵字給大家。不過，不會說這些看似專業的詞句也沒關係，調酒師其實更在意你能不能確實表達想喝什麼類型

【調酒術語翻譯蒟蒻】

術語 1

你要 Dry 一點的嗎？

翻譯蒟蒻

酒感會重一點，酒感不會太甜

術語 3

WITH ICE ？

翻譯蒟蒻

要不要加一般冰塊？

術語 2

ON ROCK ？

翻譯蒟蒻

需不需要加大冰塊？

術語 4

要加蛋白嗎？

翻譯蒟蒻

調酒口感會比較圓潤綿密一點

術語 5

要濃一點嗎？

翻譯蒟蒻

會真的很濃喔～～要想清楚

Old Fashioned

的酒，像是你可以先說偏好什麼基酒、喜
歡酸還是甜、平常去酒吧都喝什麼酒？比
方你都喝長島冰茶，那調酒師就知道你喜
歡沒什麼酒感但偏濃的酒；如果你說都喝
威士忌，調酒師可能會猜你喜歡純飲的類
型，那 Martini 或 Old Fashioned 或許能
成為給你的選項。總之，給調酒師一些蛛絲
馬跡，點酒就比較順暢沒溝通障礙啦～

【Bonus！專業點酒你也會】

> 點酒術語
>
> ### 我要喝 Whisky，
>
> ### straight up.
>
> 翻譯蒟蒻
>
> 純飲 Whisky，
> 不加冰塊

> 點酒術語
>
> ### Tight me up.
>
> 翻譯蒟蒻
>
> 調酒請一直上不要停，喝到
> 我倒下為止

> 點酒術語
>
> ### 我想試試看
>
> ### Signature Cocktail
>
> 翻譯蒟蒻
>
> 酒吧的創意調酒、或是具有
> 代表性的創作，稱為
> Signature（簽名款）

COCKTAILS

聊聊經典調酒與
Mocktail

調酒師怎麼看經典調酒？

經典調酒是一些過往故事與歷史的積累，而調酒師只是這些故事的傳承者。經典調酒之所以經典，是因為許多背後的故事具有代表性意義而被傳承下來。在以前的年代，調酒師學經典調酒，很多時候是看著前輩師父怎麼做就跟著做而已，但是近 10 年來網路那麼發達、能查到的資料那麼多，相較於那時學習的東西，自己可能會發現一些錯誤而開始做修正，進而發現經典調酒真正的味道是什麼。對於經典調酒的看法又分為兩派，有的人覺得經典就是經典、是不能隨意改動的；另一派的人則覺得，現代調酒有很多新設備新技術可運用啊，所以我們應該優化經典調酒，讓沒有喝過經典調酒師的人就算初次嘗試經典調酒也不會害怕、也能感受經典調酒的美好。

不過，經典調酒的優化和所謂的 Twist 又不一樣，Twist 是在架構下把素材做置換，而經典調酒的優化則是讓成品更好喝。比方說，酒譜裡有 60ml 的琴酒，改動份量或替換品牌，都是小小的改變、為了讓經典調酒更好入口而調整，這屬於優化。而 Twist 是像比方原本酒譜裡用了香艾酒，但我拿去 Infuse 做成某種風味，是簡單的 Twist；又或者在原有酒譜的架構下，把素材全換掉了，就是比較大的 Twist。

學習經典調酒雖然是調酒師們的必經之路，但如何把經典調酒做得能讓酒客們接受或是思考帶入自己的手法詮釋，完全就看個人功力和對於調酒的企圖心。

Mixology

調酒師怎麼看 Mocktail？

Mocktail 是在世界上滿流行的調飲，用 10 個字簡單說明的話，Mocktail 是「模仿調酒的無酒精飲料」。

既然無酒精不用加入酒類，不用認識各式各樣的基酒應用，那是不是更加容易好做？讓我來解釋一下，調酒之所以能喝到杯底風味尚存，除了食材與酒水均勻、和諧的混合之外，另一部分很重要的是掌握「甜度」，恰好比重的甜度能讓調酒的結構更穩。而 Mocktail 的製作關鍵同樣也是「甜度」，但是因為不加入酒類，就會缺少口感，為了讓人有喝調酒的感覺，這時得處理的重要課題就是「製造出更豐富的口感香氣堆疊」，也就是說，既然少了酒體的支撐，就要想辦法提升整體風味，雖然 Mocktail 喝起來很爽，事實上做起來都滿難的。

台灣有製作 Mocktail 的軟實力，因為我們的手搖飲市場很成熟多元，以手搖飲市場的演變來看，連你也會驚訝於各手搖飲品牌每季、每月都能推陳出新的創造力，無論是加入當季食材，或是堆疊不同形態以增加口感的材料，例如：烏龍綠奶蓋、楊枝甘露、漂浮紅茶…等，若將這些食材風味處理得更紮實豐富，就變成 Mocktail 了。

Mocktail 也是未來的趨勢，而且各種食材處理的技術越來越普及，我們可以藉由蒸餾的方法，得到食材更純粹、強壯的風味，像是玫瑰蒸餾水的香氣，一聞到就感覺一百朵玫瑰花在眼前。

喝起來像調酒，又喝不醉，不覺得每晚記憶都很清晰的感受很棒嗎？

TWIST 1

GIN FIZZ

如何飲用：直接喝
適飲時間：長飲
品飲溫度：1～3°C

Gin Fizz 喝起來像是有氣泡的檸檬汁，比較沒有酒感，也挺清爽的。

不過我倒喜歡 Gin Fizz 帶有一些力量，使用琴酒 60ml，加入檸檬汁、糖漿至口感平衡後，先不加冰塊，Dry Shake 打入空氣，最後再放冰、氣泡水，氣泡感會更強烈，釋放出來的香氣也更明顯。

這就是我說的「力量感」。

INFO

難 易 度：簡易
酒 精 度：適中
建議杯型：Highball 杯
調 製 法：Shake

FLAVOR

〔風味〕 萊姆皮油味、杜松子
〔口感〕 酸甜適中、酒感適中、
　　　　清爽感

材 料

▼ 酒水
琴酒…60ml

▼ 軟飲
糖漿…20ml
檸檬汁…35ml

做 法

1　將所有材料放入雪克杯中。

2　Dry Shake 後細濾至杯中。

3　加入氣泡水至 8 分滿。

4　最後擺上裝飾物即可。

▼ 裝飾
萊姆皮

TWIST 2

WHITE RUSSIA

如何飲用：直接喝
適飲時間：長飲
品飲溫度：1～3℃

通常 White Russia 會使用卡魯哇咖啡利口酒，不過有些酒客會覺得卡魯哇太甜。近幾年來自澳洲的 Mr.Black 澳洲黑先生咖啡利口酒受市場歡迎，一是甜度少一半，二是咖啡本身的品質提升，增加品飲時的細膩層次。

White Russia 還有另一個重點「鮮奶油」，依據過往多次嘗試的經驗，將鮮奶油打發後放在酒體上層，撒上海鹽，喝起來的甜感是含蓄的、舒服的，更加成熟。

INFO

難 易 度：簡易
酒 精 度：適中
建議杯型：Whisky Glass
調 製 法：Build

FLAVOR

〔風味〕 咖啡、鮮奶油、海鹽
〔口感〕 酒感適中、偏甜不酸、
　　　　咖啡微苦

材 料

▼ 酒水

伏特加…45ml
咖啡利口酒…30ml

▼ 軟飲

打發的鮮奶油 適量

做 法

1　將酒水材料直接加入威杯中。

2　加入氣泡水至 8 分滿。

3　鋪上打發的鮮奶油。

4　最後擺上裝飾物即可。

▼ 裝飾

酒漬櫻桃、焦糖片

TWIST 3
MOJITO

如何飲用：直接喝
適飲時間：長飲
品飲溫度：1～3°C

應該很多人喜歡喝 Mojito。檸檬角、砂糖、薄荷葉、萊姆酒，搗拌均勻後放入碎冰、蘇打水就完成了，很容易喝，喝起來也爽快，通常 10～15 分鐘就能解決一杯。不過依我看來，那杯 Mojito 通常都會在桌上待超過 20 分鐘，經 1 次拍照、2 分鐘修圖、3 個不同的話題，碎冰都⋯溶、成、水、了。下一秒外場就有可能拿著酒杯走到吧檯跟我說：「客人反應這杯沒有加酒。」

經歷這一些故事之後，我們在薄荷葉、酒感方面有所調整。以薄荷葉來說，使用 3 個不同品種：茱莉亞薄荷葉、青箭薄荷葉、檸檬香蜂草，並以1：2：1 的比例混合。青箭的草本、茱莉亞的涼感、檸檬香蜂草的清香，建構草本的力度。

薄荷葉的部分搞定後，再加檸檬汁、甜蘭姆酒、碎冰稍微 Shake 一次就好裝入杯子，此時此刻，應該要加蘇打水的，但想到剛剛分享的故事，我們調整做法，改淋上一些蘭姆酒，雖然少了氣泡，不過增加了酒感，且冰融化後也不會覺得太淡，且比較耐放。

還是建議 10-15 分鐘喝完，是 Mojito 健康的品飲時段。

INFO

難 易 度：中等
酒 精 度：適中
建議杯型：High ball 杯
調 製 法：Muddle、Build

FLAVOR

〔風味〕 檸檬、薄荷、香料草本
〔口感〕 酸甜適中、酒感適中

材 料

▼ 酒水

白色蘭姆酒…30ml

深色蘭姆酒…20ml

▼ 軟飲

糖漿…15ml

檸檬汁…30ml

柳橙汁…10ml

幾種薄荷葉…適量

做 法

1　將薄荷葉及白色蘭姆酒放入雪克杯中。

2　搗薄荷至有香氣即可停手。

3　加入糖漿、檸檬汁、柳橙汁。

4　攪拌均勻後倒入杯中。

5　加入碎冰至全滿，只 Shake「一下」，並
　加入深色蘭姆酒。

6　最後擺上裝飾物即可。

▼ 裝飾

茉莉亞薄荷葉

`TWIST 4`

NEW YORK SOUR

如何飲用：直接喝，喝大口一點
適飲時間：短飲
品飲溫度：1～3°C

以 Whisky、酸、甜為主導調性的經典調酒來說，New York Sour 的口感略顯迷人，加入紅酒的成果，讓風味多一分層次的變化。

做這杯調酒的時候，要注意選擇的雞蛋種類，以及保存方式。選用品質好的雞蛋，不但少了腥味，蛋白打發後，包覆氣味的效能更好。若放置太久，或保存溫度太高，就算再貴的蛋，也沒辦法增加調酒的艷麗。

來到製作的最後步驟，讓紅酒沿著靠著杯緣的湯匙，慢慢走入杯中，安靜躺在上層。品飲時建議喝大口一點，讓紅酒、威士忌在嘴裡攪和，那感受是複雜的、多樣的，會讓人喜歡上的。

INFO

難 易 度：簡易
酒 精 度：適中
建議杯型：Whisky Glass
調 製 法：Shake、Float

FLAVOR

〔風味〕 紅酒、威士忌、柑橘
〔口感〕 酸甜平衡、酒感適中、
　　　　口感綿密

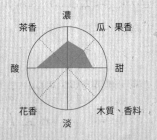

材 料

▼ 酒水
波本威士忌…50ml
紅酒…適量

▼ 軟飲
檸檬汁…30ml
糖漿…20ml
蛋白…20ml

做 法

1　將所有材料放入雪克杯中。

2　搖盪後細濾至杯中。

3　最後緩緩倒入紅酒即可。

TWIST 5
ROSITA

如何飲用：直接喝
適飲時間：長飲
品飲溫度：1～3°C

經典調酒有一個好玩的現象，在類似的酒譜中更換基酒，就會成為另外一杯經典調酒的樣子。像是將 Negroni 的琴酒換成波本威士忌，就變成花花公子；換成龍舌蘭，就成為 Rosita。

以往所學 Rosita 會使用 Dry Vermouth（法式香艾酒）、Sweet Vermouth（甜味香艾酒）、Aromatic bitters（安格氏苦精）、龍舌蘭。後來我們調整以 Branca（芙內布蘭卡）、Campari（金巴利利口酒）呈現苦味，並加入兩種苦精，讓苦調的層次更明顯。雖然這份酒譜與你認知的有所差異，但表現的質感更為細膩。

你問為什麼會想要調整經典調酒的酒譜？做久了、喝多了，自然會有些心得與看法，相信慢慢成為酒鬼的你，也會理解我的想法！

INFO

難 易 度：困難
酒 精 度：濃
建議杯型：Whisky Glass
調 製 法：Stir

FLAVOR

〔風味〕柑橘
〔口感〕酒感偏重、苦甜平衡

MEMO

請問調酒師，Stir 如何操作？
一般來說，Stir 是用長吧匙攪 20～50 圈不等，主要看冰塊大小、冰塊狀態來做調整。

材 料

▼ 酒水

龍舌蘭…45ml

金巴利利口酒…15ml

法式香艾酒…10ml

紅香艾酒…20ml

芙內布蘭卡…10ml

安格氏原味苦精…2 Drop

安格氏柑橘苦精…2 Drop

做 法

1　所有材料放入攪拌杯中。

2　加入老冰或一般冰塊。

3　攪拌後倒至杯中，並加入冰塊。

4　最後擺上裝飾物即可。

▼ 裝飾

橙皮

SIDE CAR

如何飲用：直接喝
適飲時間：短飲
品飲溫度：1～3°C

酒譜的材料越少越難做，Side Car 僅有三種材料，考驗調酒師對「平衡感」的靈敏度、紮實口感風味的掌握度，且僅使用 Shake 技法，也展現調酒師對冰塊的選擇、溫度的掌控，以及 Shake 的力道拿捏。

掌握以上的條件，將獲得一杯非常完美的 Side Car。由於新鮮檸檬的酸度有所差異，建議製作的時候，可以先抓到檸檬汁與君度橙酒之間的酸甜平衡，會降低口感不如預期的失敗率。Shake 需要長時間練習，初學者可以先用 Hand Blender 執行初步的均勻攪混，再加冰塊 Shake 降溫，相對能提升成功率，加油！

INFO

難 易 度：困難
酒 精 度：適中
建議杯型：Nick & Nora
調 製 法：Shake

FLAVOR

〔風味〕柑橘、白蘭地
〔口感〕酸甜平衡、酒感適中

材 料

▼ 酒水
白蘭地…50ml
君度橙酒…30ml

▼ 軟飲
檸檬汁…35ml

做 法

1 將所有材料放入雪克杯中。

2 搖盪後細濾至杯中。

3 最後擺上裝飾物即可。

▼ 裝飾
柳橙皮

TWIST 7

DOUBLE SMOKY

如何飲用：先打開袋子聞香氣（不
　　　　要離太近），再打開蓋
　　　　子聞香氣，最後再喝
適飲時間：長飲
品飲溫度：2°C

經典調酒之所以為經典，在於存在之時有餘年，且酒譜尚存。但每間酒吧的經典調酒，都有調酒師的獨創性及見解，對我來說調酒有趣的地方在於：任何酸甜苦辣、基酒、食品、原料之間的替換，都有可能創造更迷人、讓人眼睛為之一亮的感受。

Double Smoky twist 經典調酒花花公子，可以說是一個相當大的 Twist，將波本威士忌換成艾雷島威士忌，展現基底的苦甜平衡。

泥煤味搭上木質調香氣是極好的，這杯運用兩種木材製作兩種香味層次，以花果茶、大吉嶺紅茶做為打開酒杯外包裝的第一體感煙燻氣味，再以檜木製造杯內的第二層木頭香，雙層開箱的品飲體驗，像是喝到一杯剛從艾雷島旅行回來，渾身充滿木質調性的花花公子。

我所呈現的經典調酒，可能會與你平常看到的酒譜有所不同，但這也就是我想詮釋的風格。

INFO

難 易 度：困難
酒 精 度：濃
建議杯型：附蓋玻璃杯
調 製 法：Build

FLAVOR

〔風味〕 木質調、泥煤、花果煙燻、檜木煙燻
〔口感〕 苦甜平衡、酒感偏重

濃
茶香　　瓜、果香
酸　　　甜
花香　　木質、香料
淡

材　料

▼ 酒水

艾雷島威士忌⋯45ml

金巴利利口酒⋯20ml

君度橙酒⋯15ml

紅香艾酒⋯25ml

芙內布蘭卡⋯15ml

安格氏原味苦精⋯2 Drop

安格氏柑橘苦精⋯2 Drop

做　法

1　將所有材料放入攪拌杯中。

2　加入老冰或一般冰塊。

3　攪拌後倒入杯中並加入冰塊。

4　加入檜木煙燻並蓋上蓋子。

5　將杯子放入透明塑膠袋中，再灌入花果茶煙燻。

6　最後用夾子封口塑膠袋即可。

▼ 裝飾

炙燒橙乾

MOCKTAIL 1

伊莉莎白的微笑

如何飲用：跟著貝果一起吃喝
適飲時間：長飲，但我相信你會喝很快
品飲溫度：1～2°C

唐寧茶 TWININGS 是英國皇家御用茶，伊莉莎白二世女皇早上一定要有一杯早餐茶。我將「早餐」、「唐寧茶」作為概念，發想這杯伊莉莎白的微笑。

以唐寧茶作為 Mocktail 的結構，60ml 的量可是很強壯的。加入的 BP 糖漿，使用兩種茶包：Berry Blush 胭脂莓果茶包與 Peach Tea 香甜蜜桃茶包合體的茶糖，呈現莓果、蜜桃風味，再倒入葡萄柚汁、玫瑰氣泡水，整體口感會像是帶有果酸味的玫瑰氣泡酒。

INFO

難 易 度：困難
酒 精 度：無
建議杯型：香檳杯
調 製 法：Shake

FLAVOR

〔風味〕 玫瑰、柑橘、茶香
〔口感〕 微酸微甜、氣泡感

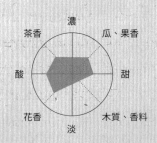

材 料

▼ 茶水

錫蘭紅茶[註1]… 60ml

BP 糖漿[註2]…25ml

葡萄柚汁…40ml

玫瑰氣泡水…35ml

（不放入雪克杯）

做 法

1　將所有材料放入雪克杯中。

2　先 Dry Shake 後再加入適當碎冰。

3　只 Shake「一下」後就倒入杯中。

4　加入玫瑰氣泡水。

5　最後擺上裝飾物即可。

▼ 裝飾

貝果1顆（早餐的概念）、新鮮蔓越莓、
小菊花、錫蘭伯爵冰淇淋、檸檬桉、玫
瑰天竺葵

INFUSE

自製風味液

◆ **錫蘭紅茶〔註 1〕**

材 料

錫蘭紅茶包…2 包
熱水…100ml

做 法

泡 5 分鐘後取出茶包即可。

◆ **BP 糖漿〔註 2〕**

材 料

胭脂莓果茶包…2 包
香甜蜜桃茶包…2 包
熱水…200ml
砂糖…120g

做 法

1　泡 5 分鐘後取出茶包。

2　趁熱加入砂糖攪勻即可。

MEMO

如何判斷 Shake 完成？

通常搖盪降溫至手掌溫感有點刺痛就可以。也有人說看到雪克杯
表面產生薄薄的霜，不過這個只是大方向判定喔，有時雪克杯表
面結霜，但裡面的酒水早已稀釋掉了。搖盪時間的長短也要看使
用什麼酒材，比較稠的酒像是 Baileys 奶酒，會比較費時；若是伏
特加這類的，搖盪時間就短，要注意溫度很快就會達到冰點。

MOCKTAIL 2

仲夏夜之夢

如何飲用：邊吃邊喝
適飲時間：長飲
品飲溫度：1～3°C

很久很久以前，人們在晚上的娛樂之一是喝茶看舞台劇，我想那杯茶，應該沒有咖啡因吧？

以國寶茶、檸檬蘋果肉桂糖漿、可可羅望子汁作為 Mocktail 的主調，喝起來像是以 Slowe Gin（黑刺李…等植物為調味香料的琴酒）製作的查理卓別林。

你所品嚐到的「酸」，一部分來自糖漿中的檸檬汁，另一部分是可可羅望子汁，將其敲碎後取出果肉，再加入熱水過濾，提取接近發酵感的酸值，最後加入巧克力醬平衡香氣，讓 Mocktail 藉由前置食材的風味堆疊，創造豐富的品飲感受。

先前提到做 Mocktail 很費事，是因為酒精也算一種口感，在不斷揮發的過程中，會產生風味變化。若拿走酒精，等同抽取調酒中最重要的元素，拿走多少風味就必須補多少進去，可能還要更多，才能呈現類似調酒的豐沛。

INFO

難　易　度：困難
酒　精　度：無
建議杯型：紅酒杯
調　製　法：Shake

FLAVOR

〔風味〕 巧克力、蘋果肉桂
〔口感〕 酸甜平衡、口感綿密

材·料

▼ 茶水

國寶茶[註2]⋯150ml

檸檬蘋果肉桂糖漿⋯60ml

酸葡萄汁（Verjus）⋯30ml

可可羅望子汁[註4]⋯45ml

做 法

1　將茶水直接加入威杯中。

2　加入冰塊至8分滿。

3　鋪上打發的爆米花 Cream[註1]。

4　最後擺上透明洋芋片[註3] 即可。

▼ 裝飾

透明洋芋片、爆米花 Cream

INFUSE

自製風味液

◆ 爆米花 Cream〔註 1〕

材 料

鹹味爆米花…85g
鮮奶油…350g
鮮奶…150g
鹽…12g

做 法

1　先爆好爆米花並放至冷卻。

2　將所有材料放在果汁機中打匀，細濾至奶油槍中。

3　灌入氮氣後搖發冷藏即可。

◆ 國寶茶〔註 2〕

材 料

蘋果肉桂茶包…4 包
檸檬茶包…4 包
熱水…400ml
砂糖…240g

做 法

1　將兩種茶包一起浸泡 5 分鐘後取出。

2　趁熱加入砂糖攪勻即可。

◆ 透明洋芋片〔註 3〕

材 料

水…適量
太白粉…適量

做 法

1　將水、太白粉倒入鍋中加熱。

2　不停攪拌至勾芡完成，切記過程中不能滾。

3　離火後趁熱取適當份量鋪在烤盤紙上。

4　以 70°C 烤至乾之後再取出。

5　過油炸鍋，大約 3 秒即可撈起。

◆ 可可羅望子汁〔註 4〕

材 料

羅望子漿…60g
熱水…200ml
巧克力醬…30g

做 法

將所有材料放入杯中攪拌均勻，粗濾至容器即可。

A Midsummer
Night's Dream

MOCKTAIL 3

熱帶氣泡茶飲

| 如何飲用：直接喝
| 適飲時間：長飲
| 品飲溫度：1～3°C

黑森林花果茶很好買，從迪化街到百貨公司都有，如果你完成這杯後，想試試香氣更豐富的版本，可以買來自德國的黑森林花果茶。

這杯喝起來有點像綜合果茶，跟選用的糖也有關係，以伯爵茶與玫瑰茶為基底製作花果風味糖漿，間接提升了 Mocktail 層次的厚實感，再搭配葡萄柚汁、檸檬汁，創造酸甜豐富層次，最後最後！倒入芒果氣泡飲，點綴一些甜度、氣泡、香氣，整體喝起來有茶感，也攜帶熱帶調酒的個性。

INFO

難 易 度：困難
酒 精 度：無
建議杯型：造型杯
調 製 法：Shake

FLAVOR

〔風味〕花果茶、伯爵茶、玫瑰、
　　　　芒果
〔口感〕微酸偏甜、些微氣泡感

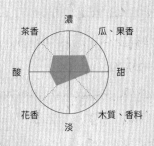

材 料

▼ 茶水

黑森林花果茶[註1]…150ml

伯爵玫瑰茶糖[註2]…45ml

葡萄柚汁…20ml

檸檬汁…30ml

蜂蜜…10ml

芒果氣泡飲（不放入雪克杯）…適量

做 法

1　所有材料放入雪克杯中。

2　先 Dry Shake 後再加入適量碎冰。

3　杯中先加入適量芒果氣泡飲。

4　只 Shake「一下」後就倒入杯中

5　最後擺上裝飾物即可。

▼ 裝飾

新鮮蔓越莓、菊花、薄荷葉、檸檬葉

INFUSE

自製風味液

◆ 黑森林花果茶〔註 1〕

材 料

黑森林花果茶…20g
熱水…150ml

做 法

將茶包浸泡 5 分鐘後濾出
花果茶。

◆ 伯爵玫瑰茶糖〔註 2〕

材 料

伯爵茶包… 2 包
玫瑰茶包… 2 包
熱水 …200ml
砂糖 …120g

做 法

1　將兩種茶包一起浸泡 5 分鐘後取出。

2　趁熱加入砂糖攪勻即可。

Fruit Tea

Earl Grey

MOCKTAIL 4
SPOT LIGHT

如何飲用：直接喝
適飲時間：長飲
品飲溫度：1～3°C

對，就是椰子水，這次挑起大樑擔任 Mocktail 的風味載體，再加入山竹瑪黛茶、桂圓、乾燥菊花，以低溫烹調再澄清的手法，濾掉雜質獲得純淨的「果感萃取液」，帶一些龍眼花香。

重點來了，畫龍點睛的酸葡萄汁、草本蒸餾液，增加 Mocktail 的特殊風味，且草本蒸餾液本身喝起來有股苦艾酒的酒感錯覺，讓這杯 Mocktail 產生白蘇維翁白酒韻味，挺優雅的。

INFO

難 易 度：困難
酒 精 度：無
建議杯型：Coupe Glass
調 製 法：Stir

FLAVOR

〔風味〕 花香、果香、茶香、
〔口感〕 葡萄香
　　　　酸甜平衡、果香偏重

材　料

▼ 茶水
果感萃取液[註1]…50ml
Lyre's Aperitif Rosso…10ml
（萊爾斯甜香艾開胃酒蒸餾液）
酸葡萄汁（Verjus）…10ml

做　法

1　所有材料放入攪拌杯中。

2　加入老冰或一般冰塊。

3　攪拌後倒至杯中並加入冰塊。

4　擺上裝飾物即可。

▼ 裝飾
水晶糖罩、菊花、薄荷、
彩色巧克力（畫杯用）

◆ **果感萃取液〔註1〕**

材 料

椰子水…100ml
桂圓…7g
乾燥菊花…2g
山竹馬黛茶…5g

做 法

1 將所有材料放入真空袋中抽真空。

2 以 48°C 低溫烹調 30 分鐘。

3 取出後以咖啡濾紙過濾即可。

Maté tea

Coconut Water

SMOKY BULEBERRY

如何飲用：直接喝
適飲時間：長飲
品飲溫度：1～3°C

我們來複習一下，決定 Mocktail 好喝的因素，主要有兩個：甜度、風味的厚實豐沛感，建構 Mocktail 的穩定性，以及模仿調酒的口感。好咧，在這兩大前提之下，精選使用素材的品質，可能就不小心將 Mocktail 提升到更高的層次。

Smoky Blueberry 特別之處在於煙燻蒸餾液創造的雪茄菸葉香氣，再使用花果茶、新鮮葡萄、酸葡萄汁，創造圓潤的果酸感。完成飲品後再加上薄荷泡泡至杯滿，一抹清爽的泡泡包覆嘴裡的液體，延展更多香味。

酒譜中的「藍莓糖漿」，我想特別講一下。先說我沒有收業配，但若真的要讓 Smoky Blueberry 一極棒，請選擇來自 IKEA 的藍莓糖漿，唯一指定且超好用。除了甜度之外還有果酸的口感，讓 Mocktail 的質感層次升級，品飲感受更加厚實！若與尚未加入糖漿的版本比較，就缺少風味的立體感，還有那一絲靈魂。慎選「甜」的質地，會讓你在這條成為居家酒鬼的路途，更加有信心。

INFO

難 易 度：困難
酒 精 度：無
建議杯型：笛型杯
調 製 法：Muddle、Build

FLAVOR

〔風味〕 莓果類、雪茄菸葉、蘋果、薄荷
〔口感〕 酸甜平衡、微氣泡感

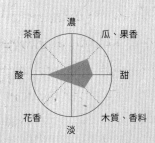

材　料

▼ 酒水

花果澄清液[註1]…50ml

藍莓糖漿…20ml

Lyre's Spiced Cane Spirit…20ml
（萊爾斯草本蒸餾液－香料甘蔗）

酸葡萄汁（Verjus）…10ml

蘋果蘇打水…30ml

紅肉火龍果…少許

薄荷泡沫[註2]…少許

做　法

1　將草本蒸餾液、蘋果蘇打水與薄荷泡泡以外的所有材料都加入攪拌杯中，搗出顏色後，直接過濾澄清。

2　獲取澄清液後，再加煙燻蒸餾液，增加風味。

3　加入 4 顆冰塊。

4　加入薄荷泡沫至滿杯。

5　最後擺上裝飾物即可。

▼ 裝飾

檸檬桉、薄荷泡沫

INFUSE

自製風味液

◆ 花果澄清液〔註1〕

材　料

花果茶…50ml
新鮮紅葡萄…25g
酸葡萄汁（Verjus）…15ml
玫瑰水…15ml
橙花水…3ml
紅肉火龍果…5g

做　法

1　將紅肉火龍果以外的所有材料放入果汁機打勻，粗濾至雪克杯中。

2　加入紅肉火龍果並搗出顏色。

3　以咖啡濾紙過濾即可。

◆ 薄荷泡沫〔註2〕

材　料

茉莉亞薄荷葉…10g
飲用水…90ml
椰子水…60ml
檸檬汁…30ml
糖漿…20ml
大豆卵磷脂…3g

做　法

1　將大豆卵磷脂以外的所有材料放入果汁機中打勻，再倒入盆中。

2　加入大豆卵磷脂攪拌均勻。

3　用打氣機打至起泡即可。

Smoky Blueberry

SPRING COCKTAILS

LEVEL 入門酒鬼

喝酒小白也會愛

春季風味酒譜　花香調

西洋梨
熱情伯爵（Passion
Royal）

番紅花玫瑰
綠茶婊

伯爵杏桃玫瑰
Gin Sake

燈籠果
春風得意樓

桂花歐飛
火玫瑰

Mona Lisa
NanaMoon

ALLEN'S TALK

喝酒小白該怎麼點酒？

　　第一次來酒吧的客人多半會遇到兩種窘境。一種是朋友幫你點了一杯超濃的，說：「喝就對了！」，還有不知道自己該喝什麼的人。後者比較好處理，因為大部分的人其實不清楚自己想喝什麼，通常入口後才能判斷是否喜歡。說回來第一種窘境，當一群人走進酒吧，總有那麼幾位想把所有人灌醉、或表現自己常喝很懂這樣，於是幫第一次來酒吧的朋友點了馬丁尼，補上一句：「學喝酒的第一杯都是這款啦！」可憐的新朋友要不是吐得很慘，就是還能接受但雙眼滿是失落空虛。有類似經驗的你／妳，別灰心，調酒是很迷人的！在這本書裡的每個酒譜，都安排了圖示，方便大家了解「濃、淡、酸、甜、木質、茶香、花香、果香」，先想想看喜歡什麼類

型的組合，去酒吧時可能比較好嘗試開口點酒。但千萬別嚇到調酒師，有一次客人指定要喝其他酒吧的創作款，大大，您不會走進賓士說想買 BMW 吧？別鬧了喔。

　　剛開始接觸調酒、還在摸索喜歡口味的朋友，可從親切的水果風味調酒開始喝，喝一陣子稍微進階之後，還可考慮風味調性－草本調、花香調、木質調…等，又或者是煙燻味，都去試試看，逐漸嘗試各種經典調酒、創意調酒，多喝多感受（欸，但飲酒不過量，荷包也量力而為）。如果你已經非常了解自己的喜好、也能表達清楚，像是喜歡酸還甜、喜歡酒感濃或淡，或是直接把你平常喝的調酒和調酒師說，這樣調酒師就比較快 Get 到

你會喜歡的調酒類型。舉例來說，若遇到酒客說：「我平常都喝威士忌。」，調酒師會猜，他習慣純飲或能接受酒精濃度高的類型，或許 Old Fashioned 是不錯選擇。有的酒客說：「我都喝啤酒耶！」，那帶有氣泡感的調酒可能滿適合他喝喝看。調酒師最怕也滿常遇到：「看我的臉，你覺得我適合喝什麼？」金ㄟ勢～我是調酒師，不是算命仙欸，光看面相太難猜中你會喜歡什麼，關於點酒這件事，我們還是直接一點吧，你也不希望花了酒錢結果喝到一杯你不滿意的調酒，對嗎？

在酒吧工作久了，有時候會遇到「專業酒鬼」，這群人很特別，大概佔整體酒客裡的 10%，說實在並不多，他們會到每個酒吧點同一杯酒，品嚐之後還用手機或平板拍照記錄下來，然後會和調酒師討論他喝過的版本。從這些喝過的版本裡，從中學習風味的細微不同、調酒師的處理手法…等，紮紮實實地把酒錢換成自己的知識，真的是喝酒喝到變成專業酒鬼啊～遇到這種酒客，聊調酒可以聊得滿深入，挺有趣的！

說到這裡，酒客小白也不要太大壓力，喝酒還是要開心，放膽和調酒師說出你想喝的類型，我們除了熟知吧台知識、懂社會大小事之外，還要會引導客人找到適合的調酒，所以人客啊，別怕，只要勇敢說出自己想要的風味口感、會照顧自己就沒問題惹，坐上吧台後，只有數不清的驚喜等你來發掘！

WEEK 1

酸甜蜜李

| 如何飲用：直接喝
| 適飲時間：長飲
| 品飲溫度：2～5°C

這杯調酒以蜜李與白可可利口酒為主要風味，加入白蘭姆酒、梅酒增加清爽酸甜感，層次搭配上有葡萄柚的果香，再填充白酒拉高飲品整體的酸甜，最後讓舌頭、嗅覺告訴你喝起來有多豐富。做完這杯真的很喜歡欸～

白酒可選擇自夏多內、比較 Dry 的品種，風味表現上沒有太多殘糖（不甜），能顯出調酒的酸甜、果香設計。如果家裡沒有白酒，可以用香檳替代。

INFO

難 易 度：簡易
酒 精 度：弱
建議杯型：Wine Mojito
調 製 法：Blender、Shake

FLAVOR

〔風味〕 果香、香料、白可可
〔口感〕 酸甜平衡

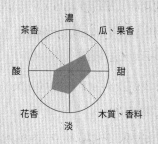

材 料

▼ 水果
西洋梨…1/4 顆

▼ 酒水
白蘭姆酒…45ml
梅酒…30ml
白可可利口酒…20ml
白酒…20ml

▼ 軟飲
檸檬汁…30ml
葡萄柚汁…20ml
蜂蜜…10ml

做 法

1　所有材料放入果汁機打勻後粗濾
　　至雪克杯中。

2　搖盪後細濾至杯中。

3　先加入冰塊至 7 分滿，插入吸管
　　後再鋪上碎冰。

4　最後擺上裝飾物即可。

▼ 裝飾
彩葉草、蜜李、巧克力（畫杯用）

WEEK 2

熱情伯爵

如何飲用：直接喝
適飲時間：短飲
品飲溫度：1～3°C

伯爵茶是一款百搭的茶品，風味辨識度也高，要注意在氣味的搭配上，需讓茶味與果香盡量平衡，這樣調酒入口時，水果風味後墊一層茶香，味覺上的呈現會更加緊湊、綿密均勻。這杯調酒非常適合又想喝茶、又想喝酒，有選擇障礙的你，就泡一罐慢慢玩慢慢喝吧！

INFO

難 易 度：簡易
酒 精 度：適中
建議杯型：Coupe Glass
調 製 法：Shake

FLAVOR

〔風味〕果香、伯爵茶、百香果
〔口感〕微酸微甜、茶香、果香

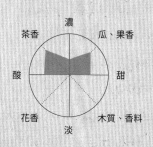

材 料

▼ 水果
百香果…30ml

▼ 酒水
伯爵伏特加[註1]…60ml

▼ 軟飲
檸檬汁…30ml
柳橙汁…30ml
蜂蜜…20ml
蛋白…30ml

做 法

1　將所有材料放入雪克杯中。

2　加入蛋白後準備 Dry Shake。

3　搖盪後細濾至杯中。

4　最後擺上裝飾物即可。

▼ 裝飾

1　製作乾燥柳橙：撒上砂糖後，烤成焦糖。

2　在乾燥柳橙旁再放 1 片檸檬桉即完成。

INFUSE

自製風味酒

◆ 伯爵伏特加〔註1〕

材 料

伏特加…700ml
伯爵茶包…10g
糖漿或蜂蜜…90ml

做 法

伯爵茶包加入伏特加中冷泡 30
分鐘後濾出，加入糖漿即可。

MEMO

做茶酒 Infuse（浸漬）的時候，
茶包又比茶葉更好用，因為可以
定量控制（1 包 2g）、不易遇到
茶葉經沖泡後展開速度的差異，
而產生風味不穩或出現澀味；而
且茶包能快速提取味道，也適合
長時間浸泡。Infuse 過程中加糖
有兩個原因，一是穩定風味，二
是為了防止腐敗變質，若甜度達
30% 可保存 1 個月，50% 以上
的話能放 3 至 6 個月，當然最好
不要放…放超過 10 年啦～

Passion Royal

WEEK 3

番紅花玫瑰

| 如何飲用：直接喝
| 適飲時間：短飲
| 品飲溫度：2°C，As iced as possible!

這杯作品用了兩個主角為調酒元素：番紅花及玫瑰。番紅花是全世界最貴的香料，但孕婦或想要懷孕的人不能吃喔，會有落紅的危險。選用的番紅花琴酒來自法國，拿來襯托帶有花香的調酒，是非常好的選擇。搭上同樣產自法國波爾多產區的白蘇維翁，有一股感性浪漫，與番紅花非常般配，就像年輕戀愛的美麗與瘋狂（哎～好想談戀愛喔）。再來是玫瑰香氣的設計，使用玫瑰風味糖漿、風味水、利口酒，從 3 種不同面向的滋味組合，製造比較自然的玫瑰香。

INFO

難 易 度：簡易
酒 精 度：淡
建議杯型：Coupe Glass
調 製 法：Shake

FLAVOR

〔風味〕 花香、果香、蜜香
〔口感〕 微甜帶酸

材 料

▼ 酒水
番紅花琴酒…45ml
玫瑰利口酒…20ml
白酒…30ml

▼ 軟飲
檸檬汁…30ml
玫瑰水…20ml
玫瑰糖漿…10ml
蜂蜜…5ml
蛋白…30ml

做 法

1　所有材料放入雪克杯中。

2　加入蛋白後準備 Dry Shake。

3　搖盪後細濾至杯中。

4　最後擺上裝飾物即可。

▼ 裝飾
玫瑰葉、玫瑰花瓣

MEMO

1 **調酒的時候，如果鼻塞會有什麼影響嗎？**

   品嚐當下，嗅覺的部分佔 70%，味覺佔 30%，除了顧及口感，也需要注
   重香氣的表現，這時候請注意，鼻塞會影響對風味的判斷，母湯安捏～

2 **如何在設計調酒作品時保留花香？**

   一般來說，清新淡雅的花香在長時間下容易揮發，因此設計這杯作品時，
   我加入蛋白後 Dry Shake，讓酒體與打發蛋白均勻混合，酒體的香氣往上
   衝的時候，會被打發蛋白泡沫包覆，這樣花香就會被保留了。

綠茶婊

WEEK 4

如何飲用：別想太多，酒不傷你心
適飲時間：長飲
品飲溫度：2°C

這杯酒的特別之處是運用了榅桲（木梨），它是原產自中亞的水果，長得像西洋梨，吃起來像水梨與蘋果的綜合體，有一股很特殊的香氣，甚至讓人覺得是化學調配而成的（但其實不是）。以水果的角度來看，榅桲的味道可能有些矯情，也跟這杯酒的命名相輔相成（你懂的～）。

酒吧裡的客人形形色色，但綠茶婊這種人，自帶特別的磁場，對到眼的時候就知道此人不簡單（可能也代表麻煩大了～），接下來的發展是曖昧帶點模糊、是無法分辨真假的甜美…嗯，就讓榅桲的風味敘述這一切吧！

INFO

難 易 度：簡易
酒 精 度：適中
建議杯型：Whisky Glass
調 製 法：Build

FLAVOR

〔風味〕 香片茶、花蜜香、溫桲
〔口感〕 偏甜不酸

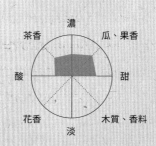

材料

▼ 酒水

香片琴酒[註1]…40ml

白麗葉開胃酒…20ml

溫桲利口酒…30ml

▼ 軟飲

蘇打水…20ml

蜂蜜…3ml

做法

1　除了蘇打水以外的全部材料加入杯中。

2　充分攪拌混合後加入蘇打水。

3　加入大冰塊或一般冰塊。

4　最後擺上裝飾物即可。

▼ 裝飾

先將萊姆皮剪成三角形，用模具將中間挖洞成心形，玫瑰花瓣也做出心形，代表享受三角戀情中的離心關係。

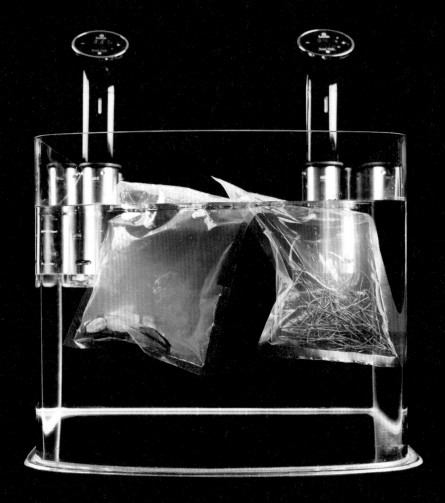

INFUSE
自製風味酒

◆ 香片琴酒〔註1〕

材 料

琴酒…750ml
香片茶葉…30g

做 法

1 琴酒加入香片，放入真空袋內抽真空。

2 以 48°C 低溫烹調 15 分鐘。

3 冷卻後以咖啡濾紙過濾即可。

Gin & Tea

MEMO

關於舒肥這個手法

在料理烹調上，不少廚師會使用舒肥，低溫烹調讓肉質變得軟嫩好入口，避免瞬間加溫會讓食材產生焦味，或把芬芳物質破壞掉。許多調酒師也把這樣的概念帶到調酒領域做創作，透過低溫熟成，將香氣保留並釋放在酒液裡，比方花香遇到高溫很容易就沒有了，但用舒肥就是溫和又能達到效果的方式，而且現在舒肥棒／舒肥機價格親切許多，有興趣在家調酒的酒鬼們可以玩玩看。

對了，玩舒肥還需要真空機、真空袋來幫忙，會相當省事，真空的目的是為了讓袋中的材料均勻受熱，進而完整保留香氣。舒肥完成後，不要立刻打開袋口，因為酒精比水輕，這樣香氣會全部揮發掉，請直接放冷藏或冷凍降溫，降溫到室溫以下，然後開袋後就立即封瓶。如果沒有真空機也沒關係，有個簡單替代法，使用像密保諾這類密閉性良好的夾鏈袋，將材料放入袋中，準備一盆水，提著袋子垂直進到水中，這時水壓會把袋中空氣排出，然後確實封好袋口。

如果你沒有舒肥棒也不打算購入，只是想嘗試玩的話，用家裡的隨身保溫瓶（保溫效果需要是比較好的喔），讓食材在一定溫度下慢慢熟成、釋放香氣，能簡易做出類似舒肥效果。比方說，把琴酒加熱到 55 ～ 60°C，然後倒入保溫瓶，加入想放的食材後蓋緊，放置 30 ～ 45 分鐘後倒到密封性佳的夾鏈袋裡，封好袋口後一樣放冷藏或冷凍降溫即可。

WEEK 5

伯爵杏桃玫瑰

如何飲用：直接喝
適飲時間：短飲
品飲溫度：2°C

很多客人會問水蜜桃跟杏桃一樣嗎？親愛的，nono, they are different，杏桃吃起來有點酸。

杏桃搭玫瑰很配，玫瑰配伯爵也很適合，玫瑰、伯爵兩人在花茶類之中，風味辨識度較高，且玫瑰的味道野艷，因此需要挑選擁有同等辨識度的茶種，調和結果會有相輔相成的味覺嗅覺享受。

INFO

難 易 度：簡易
酒 精 度：適中
建議杯型：Coupe Glass
調 製 法：Shake

FLAVOR

〔風味〕 果香、花香、茶香
〔口感〕 微酸偏甜、口感綿密

材 料

▼ 酒水
伯爵伏特加[註1]…45ml
杏桃白蘭地…20ml
玫瑰利口酒…30ml
水蜜桃利口酒…10ml

▼ 軟飲
檸檬汁…30ml
柳橙汁…20ml
蜂蜜…15ml
蛋白…30ml

做 法

1　將所有材料放入雪克杯中。

2　加入蛋白後準備 Dry Shake。

3　搖盪後細濾至杯中。

4　最後擺上裝飾物即可。

▼ 裝飾
玫瑰花瓣、百里香

◆ 伯爵伏特加〔註1〕

材　料

伏特加 …700ml
伯爵茶葉 …10g
糖漿… 90ml

做　法

伯爵茶葉加入伏特加中冷
泡 30 分鐘，濾出後再加入
糖漿即可。

WEEK 6

GIN SAKE

如何飲用：直接喝
適飲時間：長飲
品飲溫度：2°C

當琴酒遇見清酒，兩者碰撞出清爽米香、香料、花香，適合製成搭配海鮮、生魚片、中式料理的餐酒。

接骨木就是佛地魔用的那一隻魔杖，作為糖漿使用的部分是接骨木小白花，特別講一下，我用的接骨木糖漿啊，很酷，普遍是僅有木質香，但我挑的多了一股酸甜調性。想知道店裡用的品牌？請私～～～訊喔。

或許你已注意到製作調酒的過程多半會加入糖，因為甜度是支撐及穩定風味的關鍵，當糖漿加越多，就得留意調酒須保持低溫才好入口（太快回到常溫會呈現死甜狀態）。

INFO

難 易 度：簡易
酒 精 度：適中
建議杯型：Coupe Glass
調 製 法：Stir

FLAVOR

〔風味〕 大吟釀、白葡萄酒、接骨木花、
　　　　 柑橘、橙花、玫瑰、微木質
〔口感〕 偏甜微酸、酒感微濃

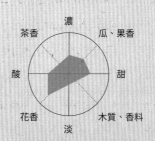

材 料

▼ 酒水

琴酒…45ml

清酒…30ml（大吟釀）

白酒…30ml

白麗葉開胃酒…20ml

▼ 軟飲

接骨木糖漿…20ml

橙花水…5ml

玫瑰水…5ml

做 法

1　將所有材料放入攪拌杯中。

2　加入老冰[註1]或一般冰塊。

3　攪拌後倒至杯中。

4　噴灑一些玫瑰水，擺上裝飾物即可。

▼ 裝飾

用愛心模具將彩葉草做出造型

◆ 老冰〔註1〕

老冰不是說冰塊年紀比較大的意思,是相較於家用製冰機做的冰塊,質地更紮實、冰體沒有白白的小氣泡,且看起來比較透明的冰塊。調酒師會拉長結冰速度、加厚隔冰層的方式製作理想中的老冰。

使用老冰的好處是能延長品飲時間,大約是 20 分鐘內的長飲;如果是用超商的衛生冰塊,大概只能撐 5 分鐘左右而已。

材　料

過濾水或煮過的水

做　法

1　將過濾水或煮過的水倒入保麗龍盒,然後再放入更大的保鮮盒裡,這是為了創造更厚的隔冰環境。

2　放入冷凍庫至少 24 小時,若要獲得完美的老冰,通常需要等待 1 天以上。

MEMO

調酒師碎碎唸

以前有些讓人懷念的酒吧，像在
台北大安區有一間狄克老爹（已
歇業），晚上 8：00 開門，營業
到早上 6：00 打烊，老爹可說
是在社會暗處亮起的一盞燈，照
料凌晨下班的工作者、晚上失眠
的客人，老爹邊包水餃邊跟你聊
天，問你要不要吃一碗炸醬麵？
人客們擠在吧台互不認識，但愉
快地相處。真的很想念老爹還在
的時候，酒吧除了提供調酒與氛
圍，也是人客在深夜寄放慰藉與
疲憊、釋放真心的安身之地。

Garnish

WEEK 7

燈籠果

| 如何飲用：輕鬆喝
| 適飲時間：長飲
| 品飲溫度：2～3°C

燈籠果呢，有著像燈籠造型的外罩，裡頭是一顆暖黃色果實，味道與咀嚼的口感像是有奶味的番茄，但本身沒有明顯的酸甜，因此以燈籠果的味道為基底，搭配哈密瓜利口酒增加整體的甜性、白酒的角色拉高整體的酸度，但同時以氣泡酒、蘇打水稀釋酸值至風味平衡。有喝過冰淇淋汽水嗎？欸對，這杯喝起來有那種感覺和質地。

INFO

難 易 度：中等
酒 精 度：中等
建議杯型：笛型杯
調 製 法：Blender、Shake

FLAVOR

〔風味〕 果香、瓜香、淡乳香
〔口感〕 酒感偏淡、酸甜平衡、
　　　　清爽氣泡感

材 料

▼ 酒水

琴酒…45ml
哈密瓜利口酒…20ml
白酒…15ml（白蘇維翁）
氣泡酒…10ml（不加入雪克杯）

▼ 軟飲

檸檬汁…30ml
蜂蜜…15ml
蘇打水…10ml（不加入雪克杯）

▼ 水果

燈籠果…4 顆
（去莢）

做 法

1　將蘇打水與氣泡酒以外的所有材料放入果汁機打均勻，粗濾至雪克杯中。

2　搖盪後細濾至杯中。

3　加入冰塊至 7 分滿。

4　加入蘇打水與氣泡酒，稍微攪拌均勻。

5　最後擺上裝飾物即可。

▼ 裝飾

燈籠果、銅錢草、食用花

WEEK 8

春風得意樓

| 如何飲用：搭配仙渣餅邊吃邊喝
| 適飲時間：長飲
| 品飲溫度：2～5°C

說到這杯酒，就要先回頭提一下蔣渭水這號人物，1917 年蔣渭水先生取得宜蘭金雞紅露酒的代理權（也就是成為酒商），1920 年入股日治時期台北大稻埕最有名的高級台菜飯店－春風得意樓。

我們以當時的酒樓文化為背景，為了重現客官大嗑瓜子聊天看表演情境風味，以梅酒加甘草瓜子 Infuse，拉出五香、丁香的氣味，搭配葡萄柚延展酒體尾韻的甜苦。人們在酒樓感性釋放喜怒哀樂，直坦地獻上情緒，就像 Amaro 在味覺感受上的加乘效果，酸甜苦甘鮮明。

INFO

難 易 度：中等
酒 精 度：強
建議杯型：中式杯
調 製 法：Stir

FLAVOR

〔風味〕 果香、葡萄柚、梅酒、高粱、馬告、
甘草瓜子
〔口感〕 酒感偏濃、酸甜平衡

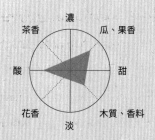

材　料

▼ 酒水

瓜子梅酒^{註1}…45ml

馬告高粱^{註2}…15ml

葡萄柚利口酒…15ml

自製義大利風味酒（Amaro）^{註3}…10ml

▼ 軟飲

玫瑰水…10ml

丁香楓糖…5ml

蜂蜜…5ml

做　法

1　將所有材料放入攪拌杯中。

2　加入老冰或一般冰塊。

3　充分攪拌後倒入杯中。

4　最後擺上裝飾物即可。

▼ 裝飾

冰塊、仙渣糖、銅錢草

INFUSE
自製風味酒

◆ 瓜子梅酒〔註1〕

材　料

梅酒…660ml
甘草瓜子…250g（需先行搗碎）

做　法

1　將所有材料放入真空袋並抽真空。

2　以78°C低溫烹調60分鐘。

3　冷卻後以咖啡濾紙過濾即可。

◆ 馬告高粱〔註2〕

材　料

38度高粱…350ml
58度高粱…350ml
馬告…10ml（需先行搗碎）

做　法

1　將所有材料放入真空袋並抽真空。

2　以78°C低溫烹調30分鐘。

3　冷卻後以咖啡濾紙過濾即可。

◆ 自製義大利風味酒（Amaro）〔註3〕

材　料

80% 伏特加…250ml
生飲水…225ml
安格式原味苦精…50ml
香菜苦精…20ml
茶苦精…50ml
義老大阿曼羅…430ml
龍膽草本酒…200ml
乾燥蒲公英草…5g
乾燥薄荷…2g
甘草…10g
八角…3g
豆蔻皮…1g
丁香…1g

做　法

1　將所有材料放入真空袋並抽真空。

2　以70°C低溫烹調60分鐘。

3　冷卻後以咖啡濾紙過濾即可。

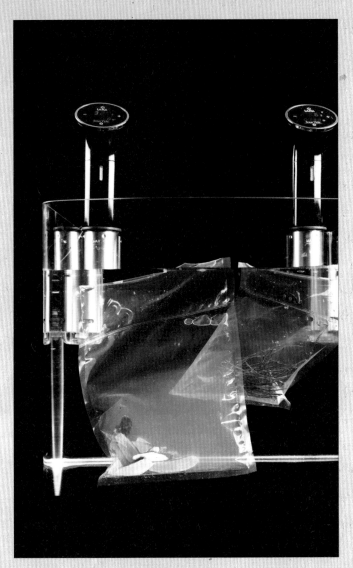

MEMO

什麼是成功的 Infuse（自製風味酒／浸漬酒／融合風味酒）？

在風味表現上，Infuse 就像是個人的藝術創作，或是抽離、補上味道的調整手法，不論是製作客人或個人喜愛的搭配，只要能呈現預期的設定，就能說是成功的 Infuse。

剛開始嘗試 Infuse，你可能會問怎麼挑酒挑食材？對於初學者來說，有兩個大方向可思考，但請注意不是一定的規則喔，大家參考看看：

· 白色烈酒
（伏特加、琴酒）滿適合搭薄荷葉、迷迭香、水果、味道淡的青茶綠茶類…等。

· 深色烈酒
（蘭姆酒、威士忌、白蘭地）則可以搭肉桂、巧克力、香草莢、後發酵茶類（普洱茶、紅茶、伯爵茶）…等。

但當你熟悉所有食材特性後，其實是沒有公式設限的，調酒師在研究 Infuse 過程中會找到食材與食材間的連結點，就能把想要的味道合理化，讓調酒作品更特別或是做出新風味。

WEEK 9

桂花歐飛

如何飲用：直接喝（加入老冰飲用更佳，避免使用細碎小冰或超商賣的冰塊）

適飲時間：長飲

品飲溫度：2°C

不論是蒸餾、發酵、Infuse，只要將不同分子、物質均勻融合，基本上都需要一夜的時間，這個過程稱為「醇化」，將大小分子融為一體的概念，且醇化的時間越久，能讓味道更穩定不刺激。

桂花威士忌使用乾燥桂花浸泡，因為新鮮桂花較難取得。對於第一次接觸威士忌，或剛開始飲酒的人來說，滿多人對威士忌敬畏或排斥，覺得味道感受有些刺激；因此這杯用加味威士忌製作調酒，能讓不常喝威士忌調酒的人在品飲時，感受多一些平易近人的風味與口感，不妨嘗試看看，不要討厭 Whisky 嘛～

INFO

難 易 度：中等

酒 精 度：強

建議杯型：Whisky Glass

調 製 法：Build

FLAVOR

〔風味〕 花香、香料、木質調

〔口感〕 酒感偏濃、苦甜平衡

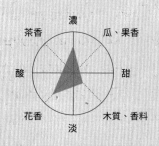

材 料

▼ 酒水

桂花威士忌[註1]…45ml

安格式原味苦精…3 Dash

柑橘苦精…3 Dash

鸚鵡糖（上選優質蔗糖）…1 顆

▼ 軟飲

蘇打水…10ml

做 法

1　將蘇打水以外的所有材料放入杯中浸泡。

2　攪拌均勻，待鸚鵡糖部分融化（也可自行壓碎）。

3　加入大冰塊或一般冰塊。

4　加入蘇打水。

5　最後擺上裝飾物即可。

▼ 裝飾

酒漬櫻桃、柑橘皮

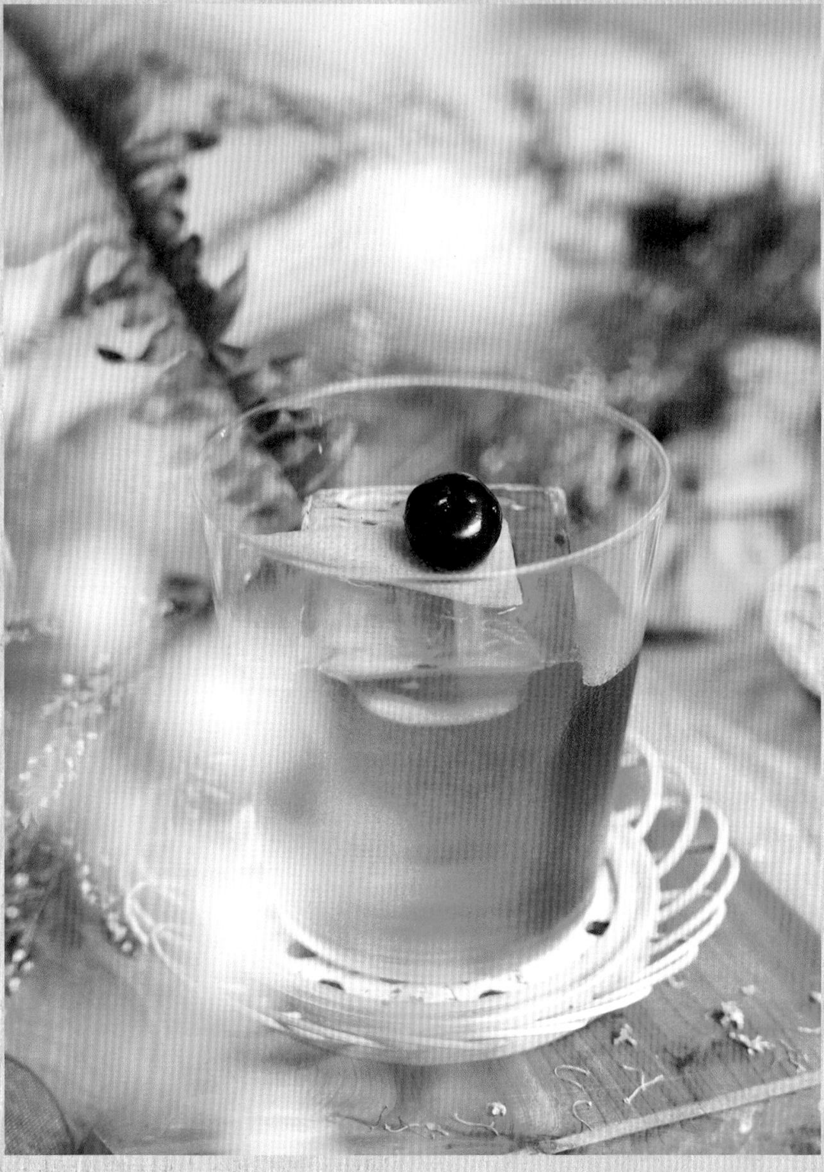

Sweet Scented Osmanthus Whisky

◆ 桂花威士忌〔註 1〕

材 料

蘇格蘭威士忌…700ml
乾燥桂花…30g

做 法

1 將所有材料放入真空袋並抽真空。

2 常溫浸泡 4 小時。

3 放進冷凍庫冰一晚。

4 取出後以咖啡濾紙過濾即可。

MEMO

了解 Old Fashioned 的五大元素!

「酒精」、「水」、「苦精」、「糖」、「冰」,只要掌握好這五種元素,
就可以思考風味替換的搭配,像是將柑橘苦精換成柳橙口味;或嘗試不同
的苦味,比方運用不同的茶湯、加味的威士忌;又或者替換不同糖漿來增
添風味,蔗糖、紅糖、方糖、黑糖都會有各自的風味表現。

WEEK10

火玫瑰

如何飲用：直接喝（讓奶蓋跟
　　　　　酒體一起喝）
適飲時間：短飲
品飲溫度：2 ～ 5°C

這個酒譜在 Fourplay 大概有 9 年歷史，喜歡奶
酒、甜點類調酒的人會喜歡火玫瑰的口感（也是
俗稱的「妹酒」）。飯後來一杯這樣的調酒，絕
對是用餐後的完美收尾啊。

INFO

難 易 度：中等
酒 精 度：適中
建議杯型：Martini Glass
調 製 法：Blender、Shake

FLAVOR

〔風味〕 果香、火龍果、花香、
　　　　奶蓋、海鹽
〔口感〕 花香、果味、酒感偏淡

材 料

▼ 水果
火龍果…1/6 顆

▼ 軟飲
檸檬汁…30ml
蔓越莓汁…30ml
糖漿…30ml
玫瑰奶蓋[註1]…30ml（不加入果汁機）

▼ 酒水
伏特加…45ml
玫瑰利口酒…30ml

做 法

1　將玫瑰奶蓋以外的所有材料放入果
　汁機中打勻後加至雪克杯中，加入冰
　塊搖盪降溫。

2　搖盪後細濾至杯中。

3　取適量玫瑰奶蓋，進行拉花，最後撒
　上海鹽。

▼ 裝飾
玫瑰奶蓋拉花、海鹽

step1

◆ 玫瑰奶蓋〔註 1〕

材 料

鮮奶油…150ml
玫瑰利口酒…15ml
接骨木花利口酒…15ml

做 法

1 將所有材料加至雪克杯中。

2 不加冰塊、搖發倒出即可。

step3

step4

MEMO

了解食材特性有助於設計調酒：火龍果小知識

火龍果有分紅白肉，這杯調酒是使用紅肉火龍果製作，若從外型來看，紅肉的形體較橢圓，果皮上的萼片略紅。火龍果肉含有多酚類、青花素，因此打成果汁後，表層會有白白的泡沫，這層泡沫帶有支撐力，鮮奶油放上去不會下沉。但火龍果切過後，多酚類、花青素逐漸流失，成汁後可能就不會有白色泡沫（這時候加什麼沉什麼）。

WEEK 11

MONA LISA

如何飲用：直接喝
適飲時間：長飲（15 ～ 20 分鐘）
品飲溫度：2°C

說到蒙娜麗莎，就想起義大利達文西，以及 1911 年蒙娜麗莎在羅浮宮被偷的故事。在風味發想上，我使用義大利的國花－雛菊，以及達文西從小練習畫的鳶尾花，用它們來增添酒體香氣；在熟悉低溫烹調法之後，對於風味萃取這部分就能掌握得更好。

這杯酒適合已喝膩經典調酒、想要換個口味且喜歡嚐鮮的人飲用，風味以花香居多，同時也能品嚐到柑橘與木質調性，喝起來比較舒服且酒精濃度偏淡，對於剛接觸調酒的人來說，品嚐起來不會有太多負擔。

INFO

難 易 度：中等
酒 精 度：適中
建議杯型：Whisky Glass
調 製 法：Build

FLAVOR

〔風味〕　白酒、木質調性、雛菊、鳶尾根、佛手柑
〔口感〕　酸甜平衡、酒感偏淡

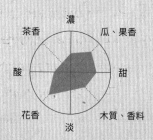

材　料

▼ 酒水

風味白酒[註1]…80ml

義大利佛手柑利口酒…15ml

金巴利…10ml

肉桂味威士忌利口酒…10ml

君度橙酒 10ml

▼ 軟飲

玫瑰水…5ml

糖漿…5ml

做　法

1　將所有材料放入攪拌杯中浸泡。

2　加入大冰塊或一般冰塊。

3　充分攪拌後倒入杯中即可。

INFUSE

自製風味酒

flavor
liquor

◆ 風味白酒〔註1〕

材 料

白酒…350ml
不甜雪利酒…330ml
鳶尾花根…4g
乾燥菊花（雛菊）…10g

做 法

1 將所有材料放入真空袋並抽真空。

2 以 50°C 低溫烹調 60 分鐘。

3 冷卻後以咖啡濾紙過濾即可。

MEMO

真空低溫烹調法的意義？

真空低溫烹調（也稱為舒肥法），是一種將食材放入真空袋密封後，以低溫（通常約為 50 至 80°C 之間）長時間加熱的烹飪法，帶出原料的最佳效果。每一種食材、材料都有不同的溶點，花朵是 38°C 左右、茶葉香料在 48°C 上下，木材方面的溫度更高一些，約為 68 至 70°C，低溫烹調法是比較溫和的方式，萃出材料的味道。

會有人問說，為什麼不用高溫熱萃呢？首先在處理備料的時候，必須要考量不同食材的熔點，太高溫或烹煮時間不對，都可能會破壞原有的香氣，因此在處理低熔點食材時，建議使用低溫烹調法，這樣食材細緻的香氣能保留下來，再經由冷卻過濾細碎雜質後，就能獲得清澈的酒體。

WEEK 12

NANAMOON

如何飲用：直接喝
適飲時間：短飲
品飲溫度：2℃

NanaMoon 以香蕉花作為調酒風味的主角。香蕉花長得像扁鑽，乳白花蕊圍繞著花體，長大就會變成香蕉，香蕉花蕊本身的經濟價值不高，不過採收下來乾燥處理後可泡茶，也能成為午餐選項中其中一道清爽的熱炒。月桂葉與刺蔥籽的風味很香，除了作為拌菜的酌料，也能做成香水。

這杯是我從花蓮考察回來之後，約莫 5 月開發的新調酒，取用當地部落盛產的「香蕉花」、「月桃葉」、「刺蔥籽」呈現人們自古至今取之於自然、用之於自然、循環共存的概念。

INFO

難 易 度：困難
酒 精 度：適中
建議杯型：Nick & Nora
調 製 法：Rolling

FLAVOR

〔風味〕 香料、月桂、香蕉花、
　　　　刺蔥
〔口感〕 無酸無甜、酒感微重

材 料

▼ 酒水
Nana 蘭姆酒[註1]…40ml
月桃刺蔥蘭姆酒[註2]…15ml
杏桃白蘭地…10ml

▼ 軟飲
香蕉花水[註3]…20ml

做 法

1　將所有材料放入雪克杯中。

2　滾動後倒入杯中。

3　加入冰塊至 8 分滿。

4　最後擺上裝飾物即可。

▼ 裝飾
腎蕨、小木夾

INFUSE

自製風味酒

過濾　　　　　　奶洗　　　　　　加入鮮奶　　　　　烈酒

MEMO

什麼是「奶洗」？

奶洗（Milk Wash）在全脂鮮奶中加入酸性物質後，牛奶的酪蛋白包覆酸之後產生蛋白質的結構性變化（變成像是豆花的模樣），進而有凝乳的現象產生。此時把大的塊狀物濾掉後，液體的味道會更清澈。請留意進行奶洗程序時，是將酒水加入鮮奶中，才能有效率地濾出液體澄清的風味。

◆ **Nana 蘭姆酒**〔註 1〕

材 料

月桃蘭姆酒^{註 2-2}…300ml
香蕉花香艾酒^{註 4}…400ml
鮮奶…180ml

做 法

1　鮮奶放入透明容器中備用。

2　月桃蘭姆酒及香蕉花香艾酒放入另一容器混合均勻。

3　將混合好的酒水緩慢加入有鮮奶的容器，輕輕攪拌。

4　靜置 5 分鐘後等待奶洗分層。

5　以咖啡濾紙過濾即可。

◆ **月桃刺蔥蘭姆酒**〔註 2-1〕

材 料

月桃蘭姆酒^{註 2-2}…200ml
刺蔥籽…1g

做 法

1　將所有材料放入真空袋並抽真空。

2　以 58°C 低溫烹調 60 分鐘。

3　冷卻後以咖啡濾紙過濾即可。

4　常溫靜置 2 天以上。

5　以咖啡濾紙過濾即可。

◆ **月桃蘭姆酒**〔註 2-2〕

材 料

白蘭姆酒…700ml
月桃葉…100g
（需先行洗淨切斷）

做 法

1　將所有材料放入真空袋並抽真空。

2　以 68°C 低溫烹調 120 分鐘。

3　常溫靜置 2 天以上。

4　以咖啡濾紙過濾即可。

◆ **香蕉花水**〔註 3〕

材 料

生飲水…1000ml
香蕉花…200g

做 法

1　將所有材料放入真空袋並抽真空。

2　以 38°C 低溫烹調 120 分鐘。

3　冷卻後以咖啡濾紙過濾即可。

◆ **香蕉花香艾酒**〔註 4〕

材 料

白香艾酒…50ml
香蕉花…200g

做 法

1　將所有材料放入真空袋並抽真空。

2　以 38°C 低溫烹調 120 分鐘。

3　冷卻後以咖啡濾紙過濾即可。

SUMMER COCKTAILS

LEVEL 初級酒鬼

盛夏沁涼果香

夏季風味酒譜　果香調

MAY — JUNE — JULY

神奇燒酒螺
TomYum 鳳梨

蘆薈 Aloe
櫛瓜薑王

百香烏龍
提拉米蘇

木橘薑 Sour
盤尼枇杷膏

西瓜烏龍
港口 Mojito

黑色風暴
古巴真自由

台灣水果王國的調酒演繹

在台灣的水果種類和品質非常好，我們要挑水嫩、多肉、甜、很甜、非常甜的水果通通都有，除了本土品種，還有進口的、改良款，對於調酒師來說，可用食材真的很多啊，這也是為什麼台灣調酒師在國際比賽上佔有優勢的原因之一。

相較於國外水果，台灣農業技術而讓水果的甜度普遍很高，以前很常看到「不甜砍頭」的手寫紙板廣告對吧，去買水果的時候，老板也一定會說：「這保證甜啦！」如前面提過，甜度是酒體的穩定劑，在調酒中是不可或缺的存在，調酒師可以多活用當令地產的水果來實驗、表現多樣化的自然果甜感在調酒中，我自己很喜歡、也很常做入調酒的季節水果非常多，例如：西瓜、芒果、百香果、荔枝、桃子、龍眼…可以搭配香料或其他食材，可以玩的組合相當多元豐富。

甜味會讓調酒喝起來的延展性更高，你想想看，如果一杯調酒只有酸味，喝起來會覺得很酸，而且只有酸的單一感覺，而讓喝的人覺得刺激、很直接。但如果多了甜味做支撐，甜味是個圓潤劑，雖然酸還是酸，但能變成圓潤的酸、溫和的酸，讓一杯調酒整體的味道變得平衡許多，不僅耐喝而且有層次上的享受。反過來看，雖然加入甜味是必須，但比例拿捏要適度，像是當季的香瓜、芒果都是甜度很高的水果，如果想用它們來做調酒，另外可以加入酸味，比方酸葡萄汁（Verjuice，或稱 Verjus，它是葡萄酒釀造過程中的副產物，是將不熟的葡萄榨成汁）或是其他酸味食材，讓整體酸甜剛好，調酒作品的味道口感都是在平衡的狀態。

做調酒的時候，我們調酒師常會用到現榨果汁，像是檸檬汁、柳橙汁…等，分享幾個選用和調配小技巧給大家：

卯橙選用和調配：

我習慣選用本地柳橙和香吉士一起榨汁，各取其優點加在一起會展現層次。先將它們各自榨汁然後調在一起，調配比例是本地柳橙2：香吉士1，就能調出很好的香氣及口感。本地柳橙的特點是顏色淡但甜味足，香吉士則是顏色黃但有酸度，把兩個加在一起，這樣甜度香氣都有了，整體剛好平衡。

檸檬選用和使用：

檸檬汁也是常備的，如果你需要比較多檸檬汁來做調酒，建議你選擇無籽檸檬，它的皮薄汁又多，一次可以取得比較的量；而常見的有籽檸檬它的皮油多，擠起來的香氣比較足，但是注意一下，有籽檸檬的白膜比較厚，它是苦味來源，取用及處理時要多留意，別把檸檬汁變苦了。

除了榨果汁，取用果肉也是我常用的方式，像是處理大白柚果肉，和烏龍高粱、其他酒水一起打均勻再 Shake、細濾，就是書裡的「烏龍高粱大白柚」；之前也用過鳳梨釋迦，它的籽少、甜度不錯，先處理成果泥，可以當成天然甜味劑使用，可以和鳳梨一起做成鳳梨釋迦冰沙，當成調酒用的素材。

書裡還收錄不少和台灣水果相關的酒譜，神奇燒酒螺、TOMYUM 鳳梨、百香烏龍、西瓜烏龍…等，跟著書中酒譜試玩看看吧！

WEEK 13

神奇燒酒螺

如何飲用：直接喝
適飲時間：長飲
品飲溫度：1～3°C

大家先看看右頁照片，這杯子很酷吧～有一天我站吧的時候，看到餐桌上的杯子都是玻璃杯，突然覺得…怎麼那麼無聊，那什麼杯子是有趣、漂亮的呢？其實大自然的容器真的很美，像是木瓜螺、鸚鵡螺、角螺等等。

調酒是一門行為藝術、風味創意的組合，不該被檯面現有的素材侷限，所以喜歡調酒的你，可以使用各種想法呈現你的風格設計，但也不用做得很花俏，一些適當點綴都能讓人眼睛為之一亮。

INFO

難 易 度：簡易
酒 精 度：淡
建議杯型：海螺殼
調 製 法：Blender、Shake

FLAVOR

〔風味〕 果香、木質調、香料、
　　　　香草味
〔口感〕 微酸偏甜、酒感偏淡

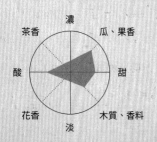

材 料

▼ 酒水
香料蘭姆酒…30ml
肉桂威士忌利口酒…30ml
黑洛夫卡利口酒…30ml
香草利口酒…30ml

▼ 水果
芒果…1/4 顆
肉桂棒…1 根

▼ 軟飲
檸檬汁…30ml
芒果汁…30ml
柳橙汁…15ml
蜂蜜…20ml

做　法

1　所有材料放入果汁機打均勻後
　　粗濾至雪克杯中。

2　在杯具中加入碎冰至 7 分滿。

3　搖盪後細濾至杯中。

4　最後擺上裝飾物即可。

▼ 裝飾

檸檬葉、新鮮蔓越莓、芒果丁

MEMO

調酒師的「芒果去籽速成班」

讓刀面從芒果底部切進去，切到籽的時候，
芒果連同刀翻轉，利用刀背敲擊桌面的反作
用力，讓芒果連同籽剖成兩半，去籽後用刀
尖小心取下果肉（搭拉～完成！）。。

step1

step2

How to Quickly Deseed

step3

step4

step5

WEEK 14

TOMYUM 鳳梨

| 如何飲用：直接喝
| 適飲時間：長飲
| 品飲溫度：1～3℃

這1杯是香料型調酒，你也可以說是冬陰功（Tom Yum）的概念發想而成。喝起來有明顯的檸檬香茅調性，會以為你坐在 Fourplay 隔壁的泰美。

使用綠豆蔻替白蘭姆酒加味，再加入鳳梨增添甜度、香氣，盛上碎冰，1杯熱帶水果風味調酒讓你捨不得離開夏天。東南亞的香料很多，若能結合那區域的食材，調酒的風味會偏甜且豐富，但很適合嗜甜如蟻的你。

INFO

難 易 度：簡易
酒 精 度：淡
建議杯型：鳳梨造型杯
調 製 法：Blender、Shake

FLAVOR

〔風味〕 果香、香料調
〔口感〕 酒精偏淡、微酸偏甜

材 料

▼ 水果
新鮮鳳梨…40g（切適口大小）

▼ 酒水
冬陰蘭姆酒[註1]…45ml

▼ 軟飲
檸檬汁…30ml
鳳梨汁…30ml
柳橙汁…30ml
蜂蜜…30ml

做 法

1　將所有材料放入果汁機中打勻後粗濾加至雪可杯中。

2　搖盪後細濾至杯中。

3　最後擺上裝飾物即可。

▼ 軟飲
炙燒鳳梨棒（用去芯器取鳳梨後沾砂糖，以火槍炙燒）、鳳梨鼠尾草 、變葉草（彩葉草）

◆ 冬陰蘭姆酒〔註1〕

材　料

白蘭姆酒⋯750ml

乾燥香茅⋯20g

新鮮香蘭葉⋯20g

乾燥綠豆蔻⋯3g

乾燥檸檬草⋯10g

做　法

1　將所有材料放入真空袋後抽真空。

2　以 75°C 低溫烹調 90 分鐘。

3　冷卻後以咖啡濾紙過濾即可。

WEEK 15

蘆薈 ALOE

| 如何飲用：直接喝
| 適飲時間：長飲
| 品飲溫度：1～3°C

蜂蜜、檸檬、蘆薈，三種食材加在一起就成為一杯絕佳的消暑飲品，營造沁涼的心境。加入金桔，創造果香酸感的層次，搭配琴酒與哈密瓜利口酒，湊近杯口一聞，能嗅到類似果凍氣味的錯覺。

INFO

難 易 度：簡易
酒 精 度：中等
建議杯型：Martini Glass
調 製 法：Muddle、Shake

FLAVOR

〔風味〕果香、金桔檸檬、哈密瓜
〔口感〕酒感適中、整體偏酸

材　料

▼ 水果
蘆薈…1片（去皮）
金桔…2 顆

▼ 酒水
琴酒…45ml
哈密瓜利口酒…45ml

▼ 軟飲
檸檬汁…45ml
蜂蜜…20ml

做　法

1　將水果與蘆薈肉切成段，放入雪克杯中搗出汁。

2　加入酒水及軟飲材料。

3　搖盪後細濾至杯中。

4　最後擺上裝飾物即可。

▼ 裝飾
切一小角的蘆薈當成裝飾，怎麼切就看個人美感，但掛在杯口時，盡量不要泡到酒液裡

step1

取用蘆薈果肉之前，先洗淨切去頭尾，削掉葉面兩側的尖刺。

step2

對切時，讓刀面盡量平行移動，小心不要傷到綠皮。

step3

取下透明蘆薈果肉時，也要小心不要傷到綠皮。

Peel off
aloe vera leaves

final

MEMO

注意用刀時不要傷到蘆薈表皮，由於皮層會產生大黃素（黃色汁液，會使得皮膚過敏，且苦味很重），將蘆薈肉泡水1～2小時，每隔30分鐘換一次水，可將大部分的大黃素去除，完成此程序後若沒有嚐到苦味再行使用。

溫馨提醒～蘆薈無法長期大量食用，有孕在身的女性、過敏經驗的人也不適合食用，若不確定能否吃蘆薈，請先諮詢專家或醫生的意見。

WEEK 16

櫛瓜薑王

| 如何飲用：直接喝
| 適飲時間：短飲
| 品飲溫度：2°C

對，就是櫛瓜，不是大黃瓜～其實蔬菜調酒在市場上已經流行很多年，如果蔬味運用得宜，香氣其實不會輸給水果或香料調酒。酒譜中的水果材料們會吸收酒精，因此在粗濾、細濾的步驟上要抖乾淨一點。櫛瓜薑王的口感會帶一點 John（薑）的辛辣擊喉感，夏天喝起來偏爽快。

如果你剛好買到一隻開花的櫛瓜，恭喜你，那朵可人的鮮黃花朵剛好能當作調酒的裝飾物。

INFO

難 易 度：簡易
酒 精 度：適中
建議杯型：Highball 杯
調 製 法：Blender、Shake

FLAVOR

〔風味〕薑、草本調、迷迭香、
　　　　小黃瓜
〔口感〕酸甜平衡、氣泡感

材　料

▼ 水果

櫛瓜…1/3 顆
薑…適量
新鮮薄荷葉…適量

▼ 酒水

琴酒…45ml
迷迭香利口酒…10ml
蕁麻酒（Green chartreuse）…10ml
小黃瓜苦精…3Dash

▼ 軟飲

檸檬汁…30ml
蜂蜜…20ml
薑汁啤酒…適量（不加入果汁機）

MEMO

調酒師是如何選食材做實驗？
這個嘛，我個人比較激烈一點，假設我想知道櫛瓜 vs 薑合不合拍，我會直接吃，感受主體香氣，如果風味是對的，那再想辦法把雜質濾掉就好了。再以水果路線來說好了，如果已經找到很棒的果香組合，卻想不透該搭配什麼基酒，沒有明顯味道的伏特加是你永遠的好夥伴。

做　法

1　將薑汁啤酒以外的所有
　材料放入果汁機打勻後
　粗濾至雪克杯中。

2　搖盪後細濾至杯中。

3　加入長冰或一般冰塊至
　7分滿。

4　加入薑汁啤酒至9分滿。

5　最後擺上裝飾物即可。

▼ 裝飾
銅錢草、櫛瓜頭、櫛瓜片、紅
鳳菜

WEEK 17

百香烏龍

| 如何飲用：直接喝
| 適飲時間：短飲
| 品飲溫度：2 ～ 3°C

烏龍、高粱，在台灣是具有代表性的兩種產物，兩者搭配可創造特別的穀禾茶感香氣。

一瓶高粱是 750ml，可分成兩瓶裝，各丟 1 ～ 2 個茶包入瓶後均勻搖晃（直接將茶包放入高粱瓶，搖混空間較少），完成程序後密封靜置。如果家裏沒有低溫烹調的器具，可以將烏龍高粱放在太陽不會直射的地方，24 小時後酒體的顏色也會改變，並達到同樣的浸漬效果。

INFO

難 易 度：簡易
酒 精 度：弱
建議杯型：奉茶杯
調 製 法：Muddle、Shake

FLAVOR

〔風味〕 果香、高粱、茶香
〔口感〕 酒感適中、酸甜平衡

材 料

▼ 水果
百香果…30ml
香吉士…1 角

▼ 酒水
烏龍高粱[註1]…45ml

▼ 軟飲
檸檬汁…30ml
柳橙汁…30ml
蜂蜜…20ml
蛋白…30ml

做 法

1 將香吉士放入雪可杯中搗出汁。

2 加入百香果、酒水以及軟飲（除了蛋白之外），並將蜂蜜攪散後再加入蛋白，並用手持攪拌棒或加入彈簧 Dry Shake 的方式打發。

3 加冰搖盪後細濾至杯中。

4 最後擺上裝飾物即可。

▼ 裝飾
烏龍茶葉少許、烏龍茶粉

◆ 烏龍高粱〔註1〕

材　料

58度高粱…750ml
烏龍茶葉…20g

做　法

1　所有材料放入真空袋後抽真空。

2　以 58°C 低溫烹調 1 小時。

3　低溫烹調結束後，整包取出浸泡 2 天。

4　以咖啡濾紙過濾即可。

提拉米蘇

如何飲用：建議用吸管或湯匙邊吃邊喝
適飲時間：長飲
品飲溫度：1～3°C

以前我很喜歡以故事換調酒，將故事的情緒做成一杯適合當下的酒，通常好喝也不會特地留下酒譜，因為這屬於即興發揮且個人專屬，但提拉米蘇是我 15 年前做的第一杯情緒類調酒，關乎我對「做調酒」這件事的心境轉變，因此留下了酒譜。以前嚴謹傳統的調酒環境，「遵循酒譜」是既定的工作環節，多做變化也怕是浪費食材（或是叛逆，會被修理的），不過喝酒不應該是開心的、輕鬆的、富有創造力、具有生活感的事嗎？你覺得喝調酒是一件富有什麼含義的存在？想喝就喝或是為了品嚐風味，都沒有對錯之分，當下感受是自己喜歡、自己想要的就好。

INFO

難 易 度：中等
酒 精 度：淡
建議杯型：Coupe Glass
調 製 法：Blender

FLAVOR

〔風味〕 甜點感、鮮奶油、咖啡、
　　　　可可
〔口感〕 酒感偏淡、甜味居重

材　料

▼ 酒水

白可可利口酒…45ml

貝禮詩奶酒…45ml

卡魯瓦咖啡利口酒…45ml

（不加入果汁機，先加入杯中）

▼ 軟飲

鮮奶油…60ml

濃縮咖啡…30ml

糖漿…30ml

柳橙汁…10ml

檸檬汁…5ml

做　法

1　將所有材料放入果汁機中。

2　放入冰塊至 6 分滿，打成冰沙狀。

3　把冰沙倒入已有卡魯瓦咖啡利口酒的杯中。

4　撒滿可可粉及擺上裝飾物即可。

▼ 裝飾

巧克力球、椰子粉、大顆棉花糖（用
火槍烤一下表面）、新鮮蔓越莓、
檸檬葉、可可粉、捲心酥

WEEK 19

木橘薑 SOUR

| 如何飲用：直接喝
| 適飲時間：短飲
| 品飲溫度：2～3°C

木橘是一種泰國的香料（東南亞的食材），如果你有去泰國按摩過（正常的那種～），按完之後會給你喝一杯熱茶，那就是木橘的味道。嚐起來有股奶香，風味跟薑很搭，適合作為夏天調理身體的食材。

製作木橘威士忌的過程中，加入乾燥梔子花，這也是來自泰國的香料，以椰子油洗後，酒體會擁有油脂的香氣，營造出像在東南亞度假的放鬆感，夏天的時候喝這杯會覺得滿清爽的，酸甜爽～

INFO

難 易 度：中等
酒 精 度：淡
建議杯型：Coupe Glass
調 製 法：Shake

FLAVOR

〔風味〕香料調、薑、椰香、微奶香
〔口感〕酸甜平衡、綿密、酒感適中

材 料

▼ 酒水

木橘威士忌[註1]…90ml

▼ 軟飲

檸檬汁…45ml

薑糖漿[註2]…20ml

蜂蜜…15ml

蛋白…30ml

做 法

1　將所有材料放入雪克杯中。

2　搖盪後細濾至杯中。

3　最後擺上裝飾物即可。

▼ 裝飾

紅酸模、焦糖片、果膠、抹茶粉、防潮糖粉

INFUSE

自製風味酒

◆ 木橘威士忌〔註 1〕

材 料

威士忌…700ml
乾燥木橘…30g
乾燥梔子花（需先行剪開）… 10g
椰子油…100g

做 法

1　將所有材料放入真空袋後抽真空。

2　以 75°C 低溫烹調 90 分鐘，烹調結束後均勻搖晃，讓油脂均勻分佈。

3　取出所有材料後，放入冷凍庫冰一晚。

4　隔天取出，先粗濾掉凝固的油脂及渣渣。

5　再以咖啡濾紙過濾多餘油脂即可。

◆ 薑糖漿〔註 2〕

材 料

老薑…1200g
砂糖 500g

做 法

1　老薑不去皮，洗淨後切小塊。

2　用慢磨機榨汁，粗濾後量出1000ml 備用。

3　將砂糖及薑汁一起放入鍋內，以小火邊煮邊攪拌至沸騰後關火。

4　最後冷卻濾出即可。

Aegle marmelos

Whisky

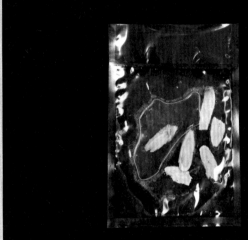

MEMO

什麼是油洗？

油洗是為烈酒增加風味的一種做法。將油脂類（椰子油、豬油、雞油、奶油、花生醬…等）加入烈酒中，油脂會吸取食材的味道，再放入冰箱冷凍，油脂會逐漸結凍，但酒液不會，移除結凍油脂後就能取得有留住食材味道的酒液。

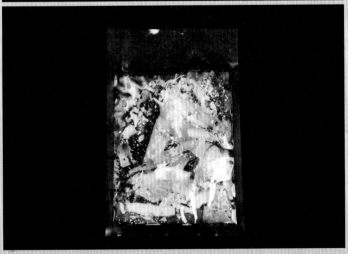

WEEK 20

盤尼枇杷膏

如何飲用：直接喝
適飲時間：長飲
品飲溫度：1～3°C

經典調酒－盤尼西林，是以艾雷島威士忌為基酒，加上酸甜，喝起來有股西藥的味道。我在想，如果要創造中藥感，該怎麼 Twist？啊，那就使出川貝枇杷膏吧。在這主軸概念下，以甘草威士忌為基酒之一，增加回甘感，另外，有沒有加薑味道差滿多的，薑可創造平衡感，讓整體風味不會過於中式而讓品飲時覺得無聊。

INFO

難 易 度：中等
酒 精 度：濃
建議杯型：梨形分液器
調 製 法：Shake

FLAVOR

〔風味〕 百香果、甘草、泥煤、
　　　　薑、肉桂、杏仁
〔口感〕 酒感偏濃、酸甜適中

材 料

▼ 酒水
甘草威士忌[註1]…30ml
拉佛格艾雷島威士忌…30ml
杏仁利口酒…10ml
肉桂味威士忌利口酒…5ml
君度橙酒…5ml

▼ 軟飲
檸檬汁…10ml
川貝枇杷膏…10ml
蜂蜜…5ml
薑汁啤酒…30ml
（不加入雪克杯中）

▼ 水果
百香果…20ml

做 法

1　將薑汁啤酒以外的所有材料
　　放入雪克杯中。

2　搖盪後細濾至梨形分液器。

3　倒入薑汁啤酒。

4　最後擺上裝飾物即可。

▼ 裝飾
糯米膠囊（裡面加了艾雷島威
士忌、藍柑橘香甜酒）

◆ 甘草威士忌〔註1〕

材　料

威士忌…700ml
甘草…20g

做　法

1　將所有材料放入真空袋後
　　抽真空。

2　以 78°C 低溫烹調 1 小時。

3　冷卻後以咖啡紙過濾即可。

WEEK 21

西瓜烏龍

如何飲用：直接喝
適飲時間：長飲
品飲溫度：1～3°C

近年你會發現很多酒吧都在用澄清技術製作調酒，在這裡為各位介紹一樣很好澄清的食材：西瓜。

成功的澄清，會有明顯的分層，將上層雜質濾掉後就完成了。澄清能減少食材本身的雜質，更顯現食材本身的自然甜度，不過西瓜酒如果只加了西瓜汁，整體的滋味會偏淡也無趣，因此加入了紅心芭樂、玫瑰糖霜、玫瑰水，欸～一種優雅感就來了，再加上白酒提升酒體的果酸感，Perfect！

INFO

難 易 度：簡易
酒 精 度：適中
建議杯型：Whisky Glass
調 製 法：Build

FLAVOR

〔風味〕 果香、花香、紅心芭樂、
　　　　西瓜味、茶香
〔口感〕 酒感適中、微酸偏甜

材 料

▼ 酒水

西瓜酒[註1]…90ml
烏龍伏特加[註2]…30ml

做 法

1　將所有材料放入杯中。

2　加入大冰塊或一般冰塊，適度攪冰化水。

3　最後擺上裝飾物即可。

▼ 裝飾

西瓜果凍、醋醃西瓜皮（用削皮刀取下帶點白色果肉的青皮，另準備白醋 50ml、砂糖20g、鹽少許，抓醃後放保鮮罐備用）

INFUSE

自製風味酒

◆ 西瓜酒〔註1〕

材　料

白蘭姆酒…60ml
西瓜利口酒…30ml
白酒…90ml
新鮮西瓜汁…90ml
紅心芭樂氣泡水…30ml
玫瑰糖漿…45ml
玫瑰水…15ml

做　法

1　將所有材料放入容器中，使用
　　果汁機攪拌均勻。

2　放置冷藏庫，靜置等待分層。

3　取出過濾至澄清即可。

◆ 烏龍伏特加〔註2〕

材　料

伏特加…750ml
烏龍茶葉…12g

做　法

1　將所有材料放入真空袋後抽真空。

2　以 70°C 低溫烹調 30 分鐘。

3　冷卻後以咖啡濾紙過濾即可。

MEMO

什麼是澄清？

澄清是藉由過濾掉液體中的雜質、顏
色後，留下清澈的酒液，再來做調酒
使用。在書裡，我用的是大家都好取
得的咖啡濾紙來做澄清，沒有特別建
議用哪個牌子，大家多嘗試找出最適
用於你的那款就 OK。但請注意！不
是什麼食材都可以拿來澄清，需要是
打汁放置之後本來就容易自然分層的
食材才適合、澄清效果才會好，像是
奇異果、透明奶茶、西瓜，澄清後的
液體比較乾淨漂亮。特別不適合澄清
的食材像是柑橘類，因為要滴到天荒
地老的程度，太花時間成本了；容易
氧化的食材也不適合，例如楊桃，會
因為氧化而變色。至於澄清的時間快
慢，則依食材的特性而有所不同。

另外也請了解，澄清會把食材風味帶
走 30% 左右，被留在濾紙上，如果
沒有把握能好好地將風味濃縮再使用
的話，就算做了澄清，做進調酒裡的
味道也是淡淡的，可能不見得會有想
要的風味效果。

咖啡濾紙的孔洞細小，有助於滴濾雜質。

WEEK 22
港口 MOJITO

如何飲用：先吃薄荷巧克力再配著酒喝
適飲時間：長飲
品飲溫度：1～3℃（碎冰）

這杯調酒的概念來自海明威一
老人與海。老漁夫在海上捕魚，
一去就是 84 天，毫無所獲，就
在第 85 天，老漁夫釣到一條超
大的馬林魚（旗魚的一種），
船載不下這條魚，於是將魚綁
在船邊一路拉回家，航行中鯊
魚也跟著聚集啃食旗魚，直到
上岸的那一刻，長時間的努力
只剩下一副巨大魚骨。

港口、海味、魚氣，用烤乾的
丁香小魚、小豆蔻、一點點秘
魯聖木，加入白蘭姆酒中低溫
烹調後澄清製成基酒，再與
Mojito 的元素結合，這時滄桑
海上男兒味已經完成的差不多
了。裝飾的部分，將烤乾的丁
香小魚磨碎，混合於融化的巧
克力醬，再淋在薄荷葉上，置
於可可豆殼承裝酒體的杯口處。
邊吃巧克力薄荷葉，邊飲酒，
飲畢之餘襯托出魚肉吃光殆盡
的感覺。

INFO

難 易 度：簡易
酒 精 度：適中
建議杯型：可可豆莢
調 製 法：Muddle、Shake

FLAVOR

〔風味〕 丁香、小魚乾、聖木、薄荷、檸檬、
旨味（鮮味的意思，有點魚感）
〔口感〕 酒感偏淡、酸甜平衡

材 料

▼ 酒水

丁香小魚蘭姆酒[註1]…50ml

白可可利口酒…30ml

▼ 軟飲

檸檬汁…45ml

糖漿…30ml

新鮮薄荷葉…適量

做 法

1 將薄荷葉及檸檬汁放入雪克杯中搗碎。

2 加入酒水及軟飲材料。

3 加入1小匙碎冰後搖盪兩下。

4 倒入杯具中，插入吸管並加入碎冰至全滿即可。

▼ 裝飾

將黑巧克力隔水加熱融化（也可微波，但只能10秒、10秒分次微波），放入磨成粉的小魚乾混合均勻，然後淋在茱麗亞薄荷葉上，冷卻定型。

◆ 丁香小魚蘭姆酒〔註1〕

材 料

Ron Barceló Balanco（白色蘭姆酒）…750ml

丁香小魚乾（需先行烤乾以提升香氣）…15g

小豆蔻（需先行搗碎）…3g

秘魯聖木…1g

做 法

1 將所有材料放入真空袋並抽真空。

2 以70°C低溫烹調30分鐘。

3 冷卻後以咖啡濾紙過濾即可。

WEEK 23

黑色風暴

| 如何飲用：稍微攪散後飲用
| 適飲時間：長飲
| 品飲溫度：2～3°C

概念來自海明威，作法源自蘭姆酒風味調酒 Dark & Storming 的 Twist。我真的很喜歡海明威。讀者心中的海明威是度過痛苦與磨練、人生閱歷豐富，生長在東西方航運來往發達年代的男人。

黑色風暴的顏色，類似天景變色、大風大雨前夕的調性，酒譜食材方面結合東西方元素，象徵航運往來的概念，舉例裝飾使用蝦夷蔥、可可粉、海鹽等，酒體以枇杷膏、梔子花⋯與萊姆酒混合風味。

以前航運是一件很辛苦的事，海明威經過大戰、心裡問題、健康問題，但還是不卑不亢的產出作品，這樣的心境也與調酒使用的素材、顏色相呼應。這一杯是我後期的調酒作品，與之前只追風味組合不同，更多概念性的呈現手法。

INFO

難 易 度：困難
酒 精 度：淡
建議杯型：Highball 杯
調 製 法：Build、Float

FLAVOR

〔風味〕 薑味、斑蘭葉、香料調、木質調
〔口感〕 酒感偏淡、氣泡感、酸甜平衡

材 料

▼ 酒水
風味蘭姆酒[註1]⋯50ml

▼ 軟飲
斑蘭薑糖漿[註2]⋯50ml
檸檬汁⋯20ml
蘇打水⋯50ml

做 法

1　斑蘭葉糖漿及檸檬汁倒
　　入杯中攪拌均勻。

2　加入冰塊至 5 分滿。

3　分層倒入蘇打水。

4　分層倒入風味蘭姆酒。

5　最後擺上裝飾物即可。

▼ 裝飾

1　將檸檬汁沾在 Highball 杯口。

2　把乾燥蝦夷蔥、可可粉、海鹽、咖啡粉
　　拌勻備用製成風味粉。

3　將沾有檸檬汁的 Highball 杯倒扣在風
　　味粉上，拿起後輕敲杯底，移除多餘
　　的粉末，擺上檸檬葉。

INFUSE

自製風味酒

◆ **風味蘭姆酒〔註1〕**

材 料

Ron Barceló Gran Añejo（特級陳釀蘭姆酒）…750ml
川貝枇杷膏…75ml
多香果…10g
豆蔻皮…4g
梔子花（需先行剪開）…20g

做 法

1 除了枇杷膏之外的所有材料
　 放入真空袋後抽真空。

2 以 70°C 低溫烹調 30 分鐘。

3 冷卻後以咖啡濾紙過濾並加
　 入川貝枇杷膏。

4 攪拌均勻即可。

◆ **斑蘭薑糖漿〔註2〕**

材 料

老薑（洗淨後切小塊備用）…240g
斑蘭糖漿[註3]（請見右頁）…360ml
薄荷茶（用 200ml 熱水泡 2g 薄荷茶 5 分鐘）…120ml
檸檬汁…30ml

做 法

1 將所有材料加入果汁機後打均勻。

2 常溫下靜置 24 小時。

3 確實過濾完成再使用。

◆ 斑斕糖漿〔註3〕

材 料

生飲水…500ml
新鮮斑蘭葉…10g
砂糖…300g

做 法

1　生飲水及新鮮斑蘭葉抽真空。

2　以 75°C 低溫烹調 90 分鐘。

3　趁熱以咖啡濾紙過濾並加入砂糖。

4　攪拌至砂糖完全融化即可。

MEMO

斑蘭葉（Pandan），又稱斑蘭葉或香
蘭葉，它是一種熱帶植物，常見於東
南亞料理中或拿來煮米飯，又或切碎
打汁用來做各種烘焙及甜點，也能拿
來煮成飲品享用。斑蘭葉有種獨特香
氣，有不少人嘗試把這項食材元素放
入調酒中。

Dark 'N' Stormy

WEEK 24

古巴真自由

如何飲用：直接喝
適飲時間：長飲
品飲溫度：3°C

大家熟知的海明威「不是在寫作，就是在前往酒吧的路上」，他最喜歡蘭姆酒，創作時配黑啤酒，覺得喝不夠就去酒吧補一下。這一杯會有點苦味，也跟海明威的際遇或創作心境類似。

古巴真自由，是自由古巴（蘭姆酒＋可樂）的Twist，我們把可樂拉出酒體做成泡沫，以蘭姆酒為基酒，創造黑啤酒的滋味。有趣的是，如果直接將可樂做成泡沫，嚐起來會沒有味道，因此我們拆解可樂的風味元素，發現有柑橘、肉桂、甘草、小荳蔻、些微海鹽的味道，再分別找到對應的食材軟飲加重口感，到最後濃縮成泡沫時可樂感就會被保留。

當你閱讀酒譜時會看到可樂糖漿裡，加入了霸王花，聞起來臭臭的，不過打成泡沫狀不會有什麼味道，反而會增加泡沫的綿密感。

INFO

難 易 度：困難
酒 精 度：淡
建議杯型：笛型杯
調 製 法：Build

FLAVOR

〔風味〕 草本調、氣泡感、黑麥、
　　　　 可樂泡沫、苦味
〔口感〕 酒感偏淡、微甜不酸

材 料

▼ 酒水

風味蘭姆酒[註1]⋯50ml

▼ 軟飲

黑麥汁⋯60ml

蜂蜜⋯5ml

蘇打水⋯60ml

可樂泡沫[註2]⋯適量

做 法

1　將所有材料加入杯中攪
　　拌均勻。

2　擠上可樂泡沫7分滿。

3　最後輕輕放入2顆冰塊
　　即可。

INFUSE

自製風味酒

◆ 風味蘭姆酒〔註1〕

材　料

Ron Barceló Dorado（金色蘭姆酒）…1000ml
榛果利口酒…150ml
麥子…30g
決明子…45g
無鹽奶油…300g
甘草…30g
白馬蜈蚣草…1g
可可茶…2 包

做　法

1　將所有材料放入真空袋後抽真空。

2　以 70°C 低溫烹煮 30 分鐘。

3　冷卻後以咖啡濾紙過濾即可。

◆ 可樂泡沫〔註2〕

材　料

可樂糖漿註3（請見右頁）…500ml
馬達加斯加香草利口酒…30ml
肉桂味威士忌利口酒…20ml
葡萄柚利口酒…30ml
甘草苦精…5ml
小豆蔻苦精…3ml
鹽…1g
蛋白…50ml

做　法

1　將所有材料加入氮氣槍中。

2　灌入氮氣並搖發即可。

Aloe Vera Tablets

◆ 可樂糖漿〔註3〕

材　料

可樂…1000ml
乾燥霸王花…25g
檸檬汁…30ml
砂糖…100g

做　法

1　將所有材料放入真空袋並抽真空。

2　以 68°C 低溫烹調 120 分鐘。

3　常溫下靜置 2 天以上。

4　以咖啡濾紙過濾即可。

MEMO

調酒師如何傳遞作品概念？

無論是相片、音樂、文字，當你閱讀聆聽獲得的第一手感受，通常就是作者想要表達的情緒或意念，但品味調酒時，通常需要藉由裝飾，以及調酒師的解說，才能輔佐客人這杯味道想表達的意思，像是以苦味呈現一段心力交瘁的故事。

大概有 70% 的客人可以說出調酒的風味與口感，20% 能揣摩調酒師想表達的意涵。在我 20 多年調酒資歷中，後期的作品除了味道編排，更想在不同食材與酒精組合中創造非傳統的概念，當調酒師要化簡為繁，但做調酒的時候卻要化繁為簡，學這麼多吧檯知識、食材種類、工作眉角，到最後也只是為了調一杯酒、傳達設計而已，古巴自由就只是一杯有可樂泡沫的調酒，卻使用了這麼多的食材元素呈現。

好不好喝見仁見智，若因為這些新的嘗試，讓客人記得你或對你有印象也是一件好事。

FALL COCKTAILS

LEVEL 中級酒鬼

很秋的慵懶香氣

秋季風味酒譜　香料調

烏龍高粱大白柚
洛神酸甘甜

東豐街真屁
毒蘑菇

抹茶 Ramos
麵包騎士

提籃假燒金
茶餘飯後

手稿
Papa Double Twist

托斯卡尼蔬菜湯
大地獻禮

ALLEN'S TALK

年過了一半，
半個專業酒鬼如何品飲進階？

　　既然漸漸邁向半個專業酒鬼了，這一篇讓我們從味覺焦點移到視覺焦點上，來談談調酒的裝飾（Garnish）。對你來說，Garnish 是替調酒加分的一環？還是讓視覺變複雜的多此一舉呢？調酒師從製酒、Shake、完成工序之後送上吧檯，當酒客拿起這杯酒的時候，一定是從視覺先品嚐，再來留意酒體接近口邊散發的氣味，最後是品飲，當酒液入喉之後才會用味覺去感受酒液。正因為視覺是第一印象，所以 Garnish 在這三段體驗之間成為需要被精心安排的部分，無論是將酒體的概念設計視覺化，或是增加香氣輔佐品飲等等，當我們談及「裝飾」這門學問，絕對不是放一支小紙傘就能搞定的。

　　對我來說，Garish 是一種讓人感到驚喜、愉悅的存在，能誇張也可以極簡，如何製作或放置，都需要與調酒概念相輔相成。以秋季酒譜來說，「毒蘑菇」以烘乾的鴻禧菇加以調味後，成為搭酒飲用的 1 號 Garnish，為了加深「毒蘑菇」的意象，在杯體旁放置一顆小蘑菇杯，煙燻定量香料後上蓋，人客一打開的神情，不是驚喜就是嚇歪，2 號 Garnish 其中的 Punchline 等你來體驗。說回很久以前的 Garnish 風格，通常會用小紙傘、罐頭紅綠櫻桃、塑膠劍叉等等，配上一顆厚重的玻璃杯，整杯調酒看起來有些彆扭，好似丑角的定位。直到 6、7 年前，業界開始注重 Garnish 以及選杯，有些調酒師將比賽級的水準帶進酒吧、帶給客人，因此現在走跳的酒客們，除了注重風味口感之外，更期待調酒帶給他完整的五感體驗。調酒設計得紮實，我想被你招待的那個人一定會感受到這份用心，你開心我開心，大家越喝越有格調。

設計 Garnish 有許多角度可以來思考，第一種是看主角，用什麼主食材做這杯調酒，就用什麼食材做裝飾，是比較直覺直觀的方法。如果你今天用芭樂就用芭樂做裝飾，用柳橙就用柳橙做裝飾。第二種是使用什麼杯型，來決定裝飾物的尺寸，如果你今天用的杯子小，就不適合用太大的裝飾物，要考慮畫面比例的協調性，看你的裝飾物和酒體是否有所連結、調性是否相合。

第三種是裝飾的目的性，又分成「為裝飾而裝飾」或「功能性裝飾」。例如鹽口杯、糖口杯就屬於功能性裝飾，在杯口沾一圈鹽或糖，這兩種都是為了增加口感而做的。又或者 Martini 的橄欖，可以邊吃邊喝，橄欖鹹度還能平衡酒精的刺激度，讓品飲變得順口，Manhattan 使用的黑櫻桃也是一樣的道理；

還有 Bloody Mary 裡的芹菜也是，類似喝冷湯的概念。收錄在書裡的調酒作品，為了設計拍攝畫面和完整傳達概念會有整體裝飾，部分的酒譜不放裝飾物也沒關係，喝起來仍保有口感。但如果像書裡的「松露歐飛」，這杯裝飾物是起司，那務必要邊吃邊喝，整體嚐起來才會有松露燉飯的濃郁感。

設計裝飾物需要發揮想像力，比較複雜一點的裝飾運用例如：拔絲、固化巧克力、焦化奶油，書裡有收錄一杯酒譜—「港口 Mojito」，從容器選用（可可豆莢）到淋在薄荷葉上的巧克力都是裝飾的一部分，希望帶給酒客視覺與味覺的雙重體驗。下次到酒吧點酒時，不妨觀察一下各種 Garnish，許多時候可以發現調酒師的用心與玩心。

WEEK 25

烏龍高粱大白柚

如何飲用：直接喝

適飲時間：短飲

品飲溫度：1～3°C

要說調酒設計的概念，有時候就為了復刻記憶中特別深刻的味道。以前中秋節啊，不都會剝柚子吃，再把柚子皮當成帽子戴嗎？大白柚這種水果辨識度很高，氣味特別，邊吃邊看家人泡烏龍茶喝，於是這段記憶成為這杯調酒的主題。

淡淡甜甜的，滴上幾歸綏子苦精，你嚐看看，會有不一樣的風味喔。

INFO

難 易 度：簡易

酒 精 度：弱

建議杯型：Couple Glass

調 製 法：Blender、Shake

FLAVOR

〔風味〕 烏龍茶、高粱、果香、
　　　　大白柚

〔口感〕 酸甜適中、酒感偏淡

材 料

▼ 水果

大白柚⋯1角

▼ 酒水

烏龍高粱[註1]⋯50ml

荔枝利口酒⋯10ml

梅乃宿（日本柚子酒）⋯30ml

歸綏子苦精⋯2 Drop

▼ 軟飲

檸檬汁⋯40ml

糖漿⋯20ml

做 法

1　將所有材料放入果汁機，打均勻
　　後粗濾至雪克杯中。

2　搖盪後細濾至杯中。

3　最後擺上裝飾物即可。

▼ 裝飾

愛心形柚子皮、銅錢草、香片茶葉

◆ 烏龍高粱〔註1〕

材 料

58 度高粱…750ml
烏龍茶葉…20g

做 法

1 將所有材料放入真空袋後抽真空。

2 以 58°C 低溫烹調 1 小時。

3 低溫烹調結束後整包取出,浸泡 2 天。

4 以咖啡濾紙過濾即可。

`WEEK 26`

洛神酸甘甜

| 如何飲用：直接喝
| 適飲時間：短飲
| 品飲溫度：1～3℃

又來到兒時回憶特輯，記得洛神花蜜餞嗎？那是小時候去柑仔店最喜歡吃的零嘴之一。

我想要做一杯，只要想到有糖吃就很開心的記憶。我們用洛神花、煙燻萊姆 Infuse 蘭姆酒，那種味道一出來，就想到柑仔店老闆娘的臉。這杯調酒適合做給以下兩種人喝：穿復古唱片行衣服、文青文青的，或是從話語當中知道他的童年年代跟我差不多的人。來～濃郁飽和酒感中上，適合老靈魂的你。

INFO

難 易 度：簡易
酒 精 度：適中
建議杯型：聞香杯
調 製 法：Blender、Shake

FLAVOR

〔風味〕 果香、烏梅、洛神花、
　　　　糖漬蜜餞
〔口感〕 酒感適中、微酸偏甜

材 料

▼ 水果
洛神蜜餞…3 朵

▼ 酒水
洛神萊姆酒[註1]…45ml
櫻桃利口酒…30ml

▼ 軟飲
檸檬汁…45ml
蔓越莓汁…30ml
洛神糖漿[註2]…20ml
蜂蜜…10ml

做 法

1 將所有材料放入果汁機中，打勻後粗濾至雪克杯中。

2 搖盪後細濾至杯中。

3 最後擺上裝飾物即可。

▼ 裝飾
洛神蜜餞、鳳梨鼠尾草

INFUSE

自製風味酒

◆ 洛神蘭姆酒〔註 1〕

材 料

乾燥洛神花…20g
蘭姆酒…700ml
烏梅…10 個
果糖漿…110g

做 法

1 在鍋中加入生飲水、乾燥洛神花
加熱煮至滾沸後，呈現紅寶石般
的深紅色，關火。

2 加入烏梅，悶到自然降溫。

3 過濾，加入果糖漿攪散，裝瓶後
冷藏保存。

◆ 洛神糖漿〔註 2〕

材 料

生飲水…800ml
肉桂棒…3 根
肉豆蔻（需先行敲碎）…1 顆
乾燥洛神花…50g
伯爵茶包…8g
花果茶包…40g
砂糖…1000g

做 法

1 在鍋中加入生飲水、肉桂棒、
肉豆蔻、乾燥洛神花。

2 加熱煮至小滾後加入伯爵茶包、
花果茶包後關火。

3 加入砂糖，攪拌至完全融化後
取出茶包。

4 冷卻後過濾即可。

Roselle Rum

MEMO

岔題說說雞尾酒之王 — Martini

Martini 算是所有調酒師學習之路中重要的課題之一,它的材料很少,只有琴酒、香艾酒,有些人會加些苦精,也有人選擇不加,主要看調酒師想如何呈現他的 Martini。雖然材料單純,但要顧慮到的細節卻很多,都和溫度有非常緊密的關係。像是杯子的溫度、冰塊的選擇(用乾冰塊還是濕冰塊)、酒的溫度(冷凍的還是常溫的)、攪拌杯或長吧匙是否事先凍過,這些因素的改變都會影響到品飲者感受。

調製 Martini 時會進行 Stir 攪拌的動作。Stir 與溫度有關,有兩個目的:升溫或降溫。如果當下使用的琴酒夠冰,甚至是凍的琴酒(一般家用冰箱大約是 -6°C,店面營業用冰箱大約 -17°C),這時所有味道會被包覆在酒液裡面,就像你聞熱的麻油雞有點嗆,但冷的麻油雞聞起來不明顯對吧?因為香氣是隨著溫度往上走的,透過攪拌讓酒水升溫,酒的香氣才能綻放。

假設用了 -17°C 的琴酒,而冰塊是 0°C、香艾酒是常溫,凍的琴酒一下去會造成凝結,雖然溫度可能上升到 -7°C,但溫度還是比 0°C 的冰塊低,藉由 Stir 慢慢攪動,讓整體逐漸升溫到 -1°C、-2°C,品飲溫度就變得剛好。相反的,如果使用的酒材都是常溫,那麼杯子、所有器具最好都拿去冰過,或選用乾冰塊,這時 Stir 則要在最短時間內進行降溫、讓化水量減到最低,以免味道被稀釋就不好喝了。

關於 Martini 還有很多細節,一時說不完,它看似簡單其實很不簡單。

WEEK 27

東豐街真屁

如何飲用：直接喝
適飲時間：長飲
品飲溫度：1～3°C

這杯酒的名字，真的剛好就是酒譜材料各取其中一個字的合輯（應該不會沒水準吧？哈哈哈）

去年 Fourplay 參加了一個活動合作，要以琴酒與「大稻埕」結合，腦海裡浮現茶葉、乾料、香料、總舖師逛街挑食材、雜貨店老闆吃菸聊天的畫面。時間瞬移到現在，大稻埕街上多了 90 年後的年輕仔喝咖啡和逛街買衣服。

集結現代與傳統，組合一抹茶香、木質調性，搭配清酒創造「復古感」的甜度。如果店裡走進來一位大哥或大姐，問最近年輕人都喝什麼？那這杯調酒就很適合她，因為老魂帶新意啊。

INFO

難 易 度：簡易
酒 精 度：濃
建議杯型：Whisky Glass
調 製 法：Stir

FLAVOR

〔風味〕東方美人、接骨木花、榛果、
雪莉酒、大吟釀
〔口感〕微甜微酸一點甘味、酒感偏重

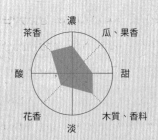

材　料

▼ 酒水

琴酒…30ml

東方美人清酒…20ml

接骨木利口酒…10ml

榛果利口酒…10ml

白色香艾酒…10ml

不甜雪莉酒…10ml

▼ 軟飲

蜂蜜…3ml

做　法

1　將全部材料加入杯中。

2　充分攪拌混合。

3　加入大冰塊或一般冰塊。

4　最後擺上裝飾物即可。

▼ 裝飾

燈籠果、月桂葉

WEEK 28

毒蘑菇

如何飲用：配乾燥鴻禧菇喝，不時聞
　　　　　一下香氣，千萬別浪費啊
適飲時間：長飲
品飲溫度：1～3°C

毒蘑菇是一杯酒搭一瓶煙燻氣小蘑菇瓶，這杯酒的
呈現方式對老外來說很有吸引力，當他傻傻打開小
瓶子聞，眼神瞬間充滿不可置信、帶有力量的光芒
望向調酒師時，我們會跟客人說：Don't waste it.

此杯僅使用 3 種 Infuse 蘭姆酒調合而成，整體來
說有清爽泰式風味，撒一些斑蘭葉粉，散發出芋頭
的香氣。再來就是那小小蘑菇瓶，你放心，都是合
法食材，煙燻 3 份乾燥鼠尾草、1 份乾燥艾草，就
會出現那無人能擋的天然「神氣」。

INFO

難 易 度：中等
酒 精 度：濃
建議杯型：蘑菇杯
調 製 法：Shake

FLAVOR

〔風味〕 松露、香茅、斑蘭葉、泰式香料、
　　　　乾燥艾草、丁香
〔口感〕 酒感不重，但酒精很濃、酸甜平衡

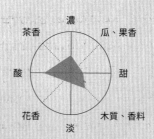

材 料

▼ 酒水

冬陰蘭姆酒[註1]⋯45ml

香料蘭姆酒⋯30ml

松露蘭姆酒[註2]⋯10ml

▼ 軟飲

檸檬汁⋯30ml

丁香楓糖⋯20ml

蛋白⋯30ml

做 法

1　將蛋白以外的所有材料放入雪克杯中。

2　加入蛋白後準備 Dry Shake。

3　搖盪後細濾至杯中。

4　最後擺上裝飾物即可。

▼ 裝飾

乾燥鴻禧菇、斑蘭葉粉

INFUSE

自製風味酒

◆ **冬陰蘭姆酒〔註 1〕**

材 料

白蘭姆酒…750ml
乾燥香茅…20g
新鮮香蘭葉…20g
乾燥綠豆蔻…3g
乾燥檸檬草…10g

做 法

1 所有材料放入真空袋後抽真空。

2 以 75°C 低溫烹調 90 分鐘。

3 冷卻後以咖啡濾紙過濾即可。

◆ **松露蘭姆酒〔註 2〕**

材 料

香料蘭姆酒…700ml
黑松露醬…50g
白松露醬…10g
豬油…50g

做 法

1 所有材料放入真空袋後抽真空。

2 以 50°C 低溫烹調 15 分鐘。

3 冷卻後以咖啡濾紙過濾即可。

Tom Yam Rum
& Truffle

WEEK 29

抹茶 RAMOS

| 如何飲用：直接喝
| 適飲時間：短飲
| 品飲溫度：1～3°C

近幾年 Ramos 很多人點，討論度高，可能是那「泡沫升起」的畫面很療癒，或就想要看調酒師狂搖到手酸的無奈臉，而且客人點的時候，通常都正忙著，我回想起每位客人點了之後覺得歹勢的臉。

沒事，我知道好喝，現在我教你做。現在做法比較進步，不然依照以前的酒譜，真的要狂搖 12 ～ 17 分鐘不停止。

抹茶味是後來研發出的口味，如果你不想喝太濃，又剛好看到調酒師很忙（笑），那你就點一杯來喝吧。

INFO

難 易 度：簡易
酒 精 度：適中
建議杯型：Highball 杯
調 製 法：Shake

FLAVOR

〔風味〕 茶香、決明子、乳酸飲料
〔口感〕 酒感適中、酸甜平衡，屬
　　　　 於濃郁奶茶

材 料

▼ 酒水
決明子琴酒[註1]…50ml

▼ 軟飲
檸檬汁…30ml
糖漿…30ml
蛋白…30ml
鮮奶油…60ml
橙花水…3 Drop
抹茶粉…1 匙
蘇打水…150ml

做 法

1　將蛋白以外的所有材料放入雪克杯中。

2　加入蛋白後準備 Dry Shake。

3　搖盪 30 秒，與蘇打水同時緩緩加入杯中至全滿。

4　保留剩餘酒水，放置冷藏 5 分鐘。

5　取出後，用吸管從中間插到底後取出。

6　從洞口緩緩倒入剩餘酒水至適當高度。

7　最後插入吸管並擺上裝飾物即可。

▼ 裝飾

黃檸檬皮、蘋果鼠尾草

◆ 決明子琴酒〔註1〕

材 料

決明子紅茶…45g

琴酒…1400ml

做 法

1　琴酒與決明子紅茶放入真空袋後抽真空。

2　以 50°C 低溫烹調 15 分鐘。

3　冷卻後以咖啡濾紙過濾即可。

WEEK 30

麵包騎士

如何飲用：用吸管插入頭盔的眼睛，
　　　　　開心喝，欸就吸腦髓啊，
　　　　　打仗就這麼殘忍

適飲時間：短飲

品飲溫度：1～3°C

都已經秋天了，就喝濃一點吧～

我記得有一次去英國大英博物館，當時在展十字軍東征的歷史，說出征前一天，士兵最後一餐吃麵包配紅酒，祈求出征勝利。這段故事深植我心，想說欸～如果把這杯故事做成調酒如何？酒精俗稱液體麵包，蔓越莓與紅酒調合的結果，能提高紅酒風味的酸甜層次，加上櫻桃利口酒讓酒感更紮實。後來我在紀念品店買了騎士頭盔、騎士杯，渾然天成地組成「麵包騎士」這杯調酒，命定啊命定～

INFO

難 易 度：中等

酒 精 度：適中

建議杯型：聖杯

調 製 法：Blender、Rolling

FLAVOR

〔風味〕 果香、蔓越莓、紅酒、
　　　　花果茶

〔口感〕 酒感適中、酸甜平衡

材　料

▼ 水果

蔓越莓…適量

▼ 酒水

琴酒…45ml

櫻桃利口酒…20ml

紅酒…30ml

▼ 軟飲

檸檬汁…30ml

蔓越莓汁…20ml

洛神糖漿[註1]…20ml

蜂蜜…15ml

做　法

1　將所有材料放入果汁機打均勻後粗濾至雪克杯中。

2　滾動後倒入杯中。

3　最後擺上裝飾物即可。

▼ 裝飾

騎士頭盔與乾冰，讓溫度保持低溫但不稀釋酒體，剛好看起來很炫

◆ 洛神糖漿〔註1〕

材 料

生飲水⋯800ml
肉桂棒⋯3 根
肉豆蔻（需先行敲碎）⋯1 顆
乾燥洛神花⋯50g
伯爵茶包⋯8g
花果茶包⋯40g
砂糖⋯1000g

做 法

1　在鍋中加入生飲水、肉桂棒、肉豆蔻、乾燥洛神花。

2　加熱至小滾後加入伯爵茶包、花果茶包後關火。

3　加入砂糖，攪拌至完全融化後取出茶包。

4　冷卻後過濾即可。

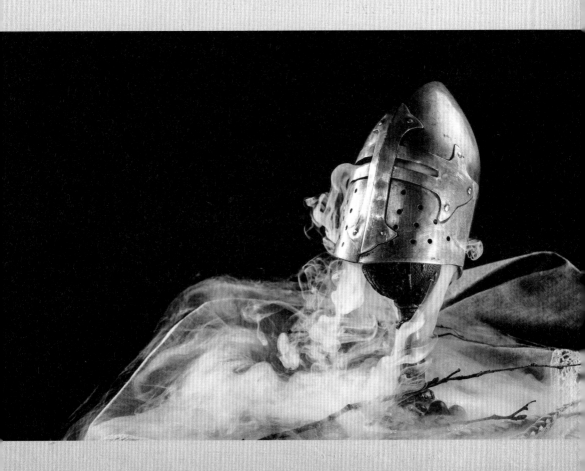

提籃假燒金

如何飲用：直接喝
適飲時間：短飲
品飲溫度：1～3°C

這系列總共有三杯：提籃假燒金、爛梨假蘋果、蹲倫假跌倒，請用台語大聲念出來！！

之前 Fourplay 有個企劃，一店推出「正能量系列，轉角遇到愛」系列、二店負責「每天負能量，就是狗使命」的部分。提籃假燒金就是當時二店酒單其中一杯，講述一位提一籃水果假裝要去拜拜，但其實要去約會的情節。因此調酒所使用的食材比較中式，像洋甘菊、杏桃等拜拜用水果，組合成的風味類似仙楂糖的感覺，這時才驚覺，啊～原來這杯是調酒。另外兩款調酒的介紹，就期待下一本書吧！

INFO

難 易 度：中等
酒 精 度：適中
建議杯型：竹籃杯
調 製 法：Shake

FLAVOR

〔風味〕 洋甘菊、香料、杏桃、
　　　　仙楂糖
〔口感〕 酒感適中、酸甜平衡

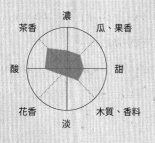

材 料

▼ 酒水
洋甘菊琴酒[註1]…45ml
杏桃利口酒 …30ml
多香果利口酒…20ml
小黃瓜苦精…3 Drop

▼ 軟飲
檸檬汁…30ml
蜂蜜…20ml

做 法

1　將所有材料放入雪克杯中。

2　搖盪後細濾至杯中。

3　最後擺上裝飾物即可。

▼ 裝飾
仙楂糖、月桃葉、左手香（廣藿香）、文心蘭、愛心柑橘皮

◆ 洋甘菊琴酒〔註1〕

材 料

乾燥洋甘菊…25g
琴酒…750ml
蜂蜜…75ml

做 法

1　琴酒與乾燥洋甘菊放入冷水
　　壺中。

2　浸泡至少 3 小時。

3　細濾後加入蜂蜜即可。

WEEK 32

茶餘飯後

如何飲用：直接喝
適飲時間：短飲
品飲溫度：1～3℃

回想一下，有些中年朋友吃完飯喜歡喝個茶嗑瓜子，再拉幾個朋友講八卦，如果把這樣的景象做成調酒，可能會有餘韻很重的感覺。

這杯酒的主體風味是瓜子梅酒，記得要去買甘草瓜子，讓梅酒吸收瓜子殼的味道。如果家裡沒有舒肥機，可以把搗碎的殼加到梅酒後加熱，再倒進保溫瓶中，泡個 30 分鐘或 1 個小時也能達到一樣的效果。喜歡梅酒口感的人適合喝這杯茶餘飯後。

INFO

難 易 度：中等
酒 精 度：濃
建議杯型：中式茶壺
調 製 法：Shake

FLAVOR

〔風味〕 甘草瓜子、梅酒、丁香、
百香果、楓糖
〔口感〕 酒感偏重、酸甜平衡

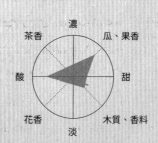

材 料

▼ 酒水

東方美人琴酒[註1]…45ml

瓜子梅酒[註3]…30ml

▼ 軟飲

檸檬汁…30ml

百香果汁…30ml

柳橙汁…15ml

丁香楓糖[註2]…15ml

蛋白…30ml

做 法

1　將蛋白以外的所有材料放入雪克杯中。

2　加入蛋白後準備 Dry Shake。

3　搖盪後細濾至中式茶壺中。

4　最後擺上裝飾物即可。

▼ 裝飾

擊碎的瓜子、烏龍茶葉

INFUSE

自製風味酒

◆ 東方美人琴酒〔註 1〕

材 料

琴酒…700ml
東方美人茶包…10g

做 法

1　琴酒與東方美人茶包倒入至冷水壺中。

2　浸泡 30 分鐘。

3　細濾後即可使用。

◆ 丁香楓糖〔註 2〕

材 料

丁香…20g
熱水…100ml
楓糖漿…200ml

做 法

1　用熱水浸泡丁香。

2　泡到完全冷卻，濾出丁香水。

3　加入丁香水 2 倍量的楓糖漿。

4　攪拌均勻即可。

◆ 瓜子梅酒〔註 3〕

材 料

梅酒…660ml
甘草瓜子（需先行搗碎）…25g

做 法

1　將所有材料放入真空袋中抽真空。

2　以 78°C 低溫烹調 60 分鐘。

3　冷卻後以咖啡濾紙過濾即可。

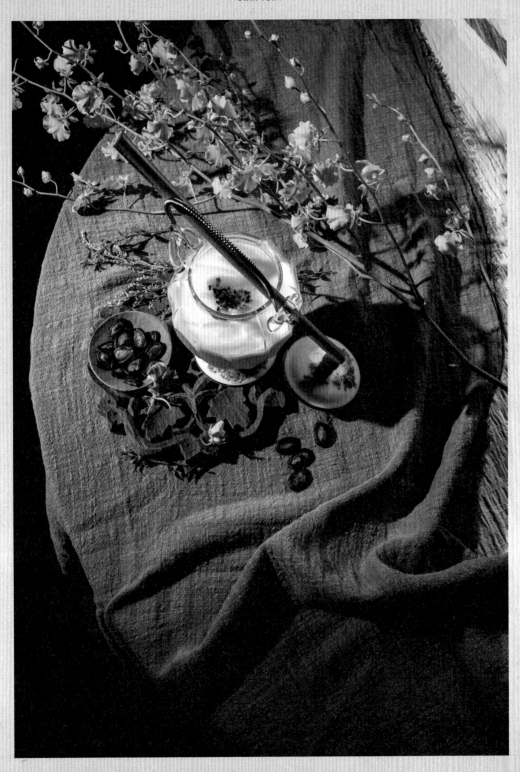

手稿

| 如何飲用:直接喝
| 適飲時間:長飲
| 品飲溫度:1～3°C

Fourplay 調酒酒單中有一組「名人系列」,這杯手稿的靈感取自達文西先生。

達文西是左撇子,寫出來的字句呈鏡像,他有許多雕塑、建築的手稿,以前製作墨水,需要使用鐵質,可以從菠菜中取得;因此手稿這杯調酒,使用了菠菜龍舌蘭,聞起來會有紙張的香氣,類似香水卡紙。加入無花果果泥,嚐起來像是芋香奶茶,所以別怕,蔬菜味並沒有很強烈。如果將這杯酒擬人化,就很像你身邊那老派文青妹,青青河邊草永遠忘不了,但她的口味也挺時尚的。

INFO

難 易 度:困難
酒 精 度:適中
建議杯型:Whisky Glass
調 製 法:Shake

FLAVOR

〔風味〕 果香、葡萄、無花果、
    蒔蘿、白酒
〔口感〕 酒感偏重

濃
茶香　　　　瓜、果香
酸　　　　　甜
花香　　　　木質、香料
淡

材　料

▼ 水果
無花果果泥…30ml

▼ 酒水
菠菜龍舌蘭[註1]…50ml
蒔蘿利口酒…20ml
白酒…15ml
義老大阿曼羅…5ml
巨峰紫葡萄利口酒…5ml

▼ 軟飲
糖漿…10ml

做　法

1　將所有材料放入雪克杯中。

2　搖盪後細濾至杯中。

3　最後擺上裝飾物即可。

▼ 裝飾
杯墊、鏡子、羽毛

INFUSE

自製風味酒

◆ 菠菜龍舌蘭〔註1〕

材 料

龍舌蘭…700ml
菠菜（切斷約 6cm 備用）…500g
乾燥鹽膚木…30g

做 法

1　將所有材料放入真空袋中抽真空。

2　以 85°C 低溫烹調 60 分鐘。

3　冷卻後以咖啡濾紙過濾即可。

MEMO

1　**關於乾燥鹽膚木－鹹鹹仙楂味兒**
羅氏鹽膚木在生長過程中，慢慢從土壤裡吸收鹽分，然後結晶於果實表面薄薄的一層，味道好似仙楂，酸酸又鹹鹹的很促咪。原住民媽媽們會拿乾燥鹽膚木來醃肉或煮湯做料理，小孩們則拿它當零食吃。有興趣一嚐的朋友，在網路上也能輕易買到～

2　**「手稿」的杯墊**
早一些年代的飲酒種類是以紅酒為主，所以我們以紅酒為染劑來特製放這杯調酒的杯墊，那片在還氧樹脂裡的麵包是真的，一種像是化石的感覺。為了想表現「手寫」、「鏡像」的意涵，我們在羽毛上寫一句話，藉著鏡子成像，就能看懂這句話的意思。

Spinach Tequila

WEEK 34

PAPA DOUBLE TWIST

如何飲用：直接喝
適飲時間：長飲
品飲溫度：1～3°C

Papa 是海明威，Double 是為了海明威這位哥的特調，因為他喝什麼都要 Double。但在他老的時候得了糖尿病，我試想，如果我遇到年邁的他，能做出什麼適合他的調酒？

海明威喜歡菸葉、香草莢、可可，我們運用這些素材加上新鮮可可豆做成發酵液，也就是酒譜中的康普茶，發酵與發霉只有一線之隔，我推薦各位使用市售康普茶為主。

加入 2 份蘭姆酒，不額外加果糖，康普茶的酸加上黑櫻桃利口酒本身的甜度，再鋪一層葡萄柚汁，甜感舒適又健康。雖然蘭姆酒多了 1 份，但喝起來很溫柔啊，這就是調酒師的 Tender。

INFO

難 易 度：困難
酒 精 度：濃
建議杯型：Nick & Nora
調 製 法：Swing

FLAVOR

〔風味〕 果香、葡萄柚、發酵液、黑櫻桃
〔口感〕 酒感偏重、酸甜平衡

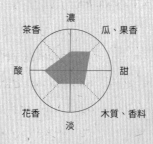

材料

▼ 酒水

Ron Barceló Gran Añejo
（特級陳釀蘭姆酒）…45ml
黑櫻桃利口酒…5ml

▼ 軟飲

葡萄柚汁…45ml
康普茶…20ml

做法

1　將所有材料放入雪克杯中。

2　加入老冰或一般冰塊。

3　搖晃後倒入杯中。

4　夾入1顆冰塊放入杯中，擺上
　　裝飾物即可。

▼ 裝飾

可可豆、檸檬葉

托斯卡尼蔬菜湯

如何飲用：直接喝
適飲時間：長飲
品飲溫度：1～3°C

真的也是做了這本書，才知道 Fourplay 有這麼多酒譜，呼～來我們繼續。

誠如各位所知，達文西有很多身分，你知道他也曾經是一位名廚嗎？托斯卡尼濃湯曾經是他的最愛，這份食譜也流傳至今。我們將這份食譜的材料，以奶洗技法澄清，再加入白蘭地，重新詮釋達文西最愛的湯。

如果你喜歡卓別林或 Honeymoon，那這蔬菜湯酒就滿適合你的。

INFO

難 易 度：困難
酒 精 度：適中
建議杯型：聞香杯
調 製 法：Swing

FLAVOR

〔風味〕紅蘿蔔、番茄、香料、
　　　　白蘭地、艾碧斯
〔口感〕酒感適中、酸甜平衡

材　料

▼ 酒水

自製風味酒[註1]…45ml

蘋果白蘭地…30nl

DOM 班尼狄克丁…10ml

艾碧斯…1 Drop

▼ 軟飲

康普茶…15ml

做　法

1　將所有材料放入攪拌杯中。

2　加入老冰或一般冰塊。

3　搖晃後倒入杯中。

4　最後擺上裝飾物即可。

▼ 裝飾

動力沙（沒有辦法跟達文西一樣蓋房子，
至少可以玩沙吧）

INFUSE

自製風味酒

◆ 自製風味酒〔註1〕

材 料

紫蘇伏特加…100ml
PX 雪莉酒…40ml
艾普羅香甜酒（Aperol）… 100ml
乾燥香利口酒…30ml
多香果利口酒…30ml
檸檬汁…30ml
紅蘿蔔…70g
牛番茄…30g
小番茄…30g
鮮奶…90ml

做 法

1 除了鮮奶之外的所有材料放入果汁機中打勻。

2 細濾後備用。

3 將鮮奶裝入冷水壺中。

4 將過濾後的酒水慢慢加入鮮奶中。

5 輕輕攪拌均勻後等待分層。

6 以咖啡濾紙過濾即可。

MEMO

奶洗後必須確實過濾至透明狀態
當鮮奶碰到酸性物質，就會像右頁照片裡的變化那
樣，開始產生結塊分層。奶洗後產生的結塊請務必
全都過濾掉，也就是澄清，過濾到完全沒有雜質的
透明清澈狀態，才能做後續的使用。

Shiso Vodka
Sherry Liqueur

WEEK 36

大地獻禮

| 如何飲用：直接喝
| 適飲時間：短飲
| 品飲溫度：1～3°C

看到這裡，或許你會想說，嗯？這調酒師很常以回憶的畫面作為調酒創作的概念，一是年紀到了，二是我真的很懷念在花蓮長大的時候。以前我的好朋友多半是原住民，他們表達感受的方式很直接，說話又很幽默自然，因此這杯調酒使用可以代表原住民的肖楠木、茶、檳榔為主體。

大地獻禮的口感屬於木質調，並帶有黃瓜、南瓜的甜度，果香豐富，算是香氣口感特殊的一杯調酒。通常那種，每次喝酒都想要來點不一樣的客人，我就會直接上這杯，沒第二句話，喝就對了。

INFO

難 易 度：困難
酒 精 度：適中
建議杯型：裝小米酒的竹筒酒杯
調 製 法：Stir

FLAVOR

〔風味〕　香瓜、薄荷、檳榔、木質調
〔口感〕　酒感適中、瓜味剛好、微酸微甜

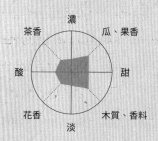

材 料

▼ 綜合食材

新鮮檳榔…10ml

小黃瓜…30g

新鮮薄荷葉…2g

▼ 酒水

肖楠木琴酒註1…50ml

香瓜利口酒…20ml

香瓜利口酒（不入真空袋）…25ml

馬黛茶利口酒…20ml

香草利口酒…15ml

做 法

1　將 3 樣食材稍微搗碎後放入真空袋中。

2　接著倒入酒水後抽真空。

3　以 60°C 低溫烹調 60 分鐘。

4　冷卻後以咖啡濾紙過濾，備用。

5　取 60ml 過濾後的酒水倒入杯中，再加 25ml 香瓜利口酒。

6　加入冰塊稍微攪拌即可，再擺上裝飾物即完成。

▼ 裝飾

檳榔、腎蕨

INFUSE

自製風味酒

◆ 肖楠木琴酒〔註1〕

材 料

琴酒…700ml
肖楠木屑…8g

做 法

1　將所有材料放入真空袋後抽真空。

2　以 85°C 低溫烹煮 60 分鐘。

3　冷卻後以咖啡濾紙過濾即可。

Taiwan incense cedar

MEMO

說到「檳榔」，去掉木字邊後就是貴賓新郎的意思，是常見原住民祭神、送禮、日常使用的食物。除此之外，檳榔葉鞘可以作為食器，檳榔蕊能拌成沙拉，其枝幹也能作為建材。檳榔原產自南方，運到北方後價格變昂貴，相傳賈寶玉身上的錦囊中，放的就是檳榔，我也是聽說的啦～

WINTER COCKTAILS

LEVEL　中高級酒鬼

體嚐濃烈迷人

冬季風味酒譜　煙燻味、香料調

紫蘇葡萄
Ice Boat

梅子冰茶
熱紅酒

熱琴酒
Amsterdam

開心果
紅酒黑醋栗

松露歐飛
Avocado Coffee

龍眼 Sour
蛋酒

用嗅覺感受調酒的樂趣

　　喝調酒不只是酒水入喉的味覺感受而已，打開嗅覺也是很重要的，能讓品飲經驗提升到另一個層次。我想給客人的不是只讓你「喝」一杯調酒，香氣設計也是我想呈現的一環，所以會思考如何做出「可食用的空氣」來放入調酒中。把香氣做入調酒有很多玩法，真的可以花很多時間去研究實驗，非常非常有趣。簡單一點的像是燒木頭杯墊再蓋住杯子，製造出木香；或讓香氣被包覆住的各種手法，像是放到泡沫裡，或把煙燻味或香氛灌進糖罩裡，就像書中收錄的「義大利」就是用水晶糖罩來包覆保留香氣。

　　欸～大家會不會好奇水晶糖罩是怎麼做出來的咧？略提一下。首先準備不鏽鋼盆、耐熱保鮮膜、烘焙行賣的塔模、沒味道的油、煮糖用小銅鍋、3 份砂糖＋0.5 份的水、測溫槍，就醬。先在不鏽鋼小盆分次封上三層耐熱保鮮膜，每一層都要繃緊才能封下一層喔，這是為了製造出一個有反作用力的平面。接著拿出塔模（直徑大約 8cm 或更小尺寸，小尺寸適合單人操作、較好脫模），在模內抹油，放在包好保鮮膜的不鏽鋼盆上，備用。進行煮糖，把砂糖倒入小鍋，加熱至冒小泡泡的程度，這時大約 170 ～ 180°C，待水分收乾成焦糖後關火，耐心地搖涼降溫至 135°C 左右（因為耐熱保鮮膜只能耐熱到 140°C），記得不要低於 135°C 喔，不然焦糖就凝固無法用啦。煮糖測溫的時候，隨時小心燙手之外，周圍和糖心都要測溫，因為通常中心溫度最高，整體平

均溫度都得是 135°C 才能關火。焦糖降溫 OK 後倒入塔模（就是做好備用的那一整組啦），隔著厚毛巾防燙，雙手將模具慢慢往下壓，一邊壓一邊搧涼，焦糖隨著壓力會產生圓弧狀，變成半圓形的樣子，等完全冷卻定型再取下，糖罩完成！在做好的糖罩裡灌入想要的味道，這也是一種香氣設計。

覺得做糖罩太搞剛？那試試煙燻比較簡單，也很好玩，可以做冷燻和熱燻。冷燻的方式像是煮熱茶再丟乾冰，產生的煙會把香氣往外帶，或是自己做花水、風味蒸餾液。熱燻的方式像是直接燒綜合花果茶葉＋木屑，就可以取得甜甜的香氣；或製造多層次香氣，先鋪一層花果茶葉、第二層放烏龍茶葉、最後放二砂

然後燒，熱是由上往下的，當砂糖變成焦糖，焦糖會巴住烏龍茶先產生茶香、然後下一層是花果香，這樣得到的香氣堆疊就很有層次。

除了自行製造香氣，也可以從選材上做切入。比方想設計秋冬氣氛的調酒，各種香料及茶類都是非常適合的選項，能營造出暖心暖胃、被香氣溫柔包圍的感覺。像肉桂、豆蔻、香草莢啦，或是堅果、可可，以及深烘焙的茶類、後發酵類茶類都滿適合帶入酒水裡，刻意用比較濃郁的味道來喚醒冷冷天氣裡的嗅覺和味覺敏感度。設計創意調酒時，如果能把香氣概念也考慮進去，會讓品飲的體驗過程更加立體而全面。

紫蘇葡萄

如何飲用：直接喝
適飲時間：短飲
品飲溫度：1～3°C

應該大部分的人會覺得葡萄皮有種澀味，吃起來會讓上顎有種皺皺的感覺。葡萄加上紫蘇後，會沖淡澀味，再加上葡萄本身的香度、甜味，這杯就很適合喜歡葡萄的人喝，欸對～我在講廢話，冬天酒譜的開頭我們就輕鬆一點。

之前有介紹過，若在調酒中加入蛋白，可增加酒體的綿密感，除了將香味包覆在蛋白中，也會再降低葡萄皮的澀味。

INFO

難 易 度：簡易
酒 精 度：淡
建議杯型：白酒杯
調 製 法：Blender、Shake

FLAVOR

〔風味〕 果香、白酒
〔口感〕 酒感偏淡、酸甜適中

材 料

▼ 水果
紅葡萄…3 顆
紫蘇…4 片

▼ 酒水
紫蘇伏特加[註1]…30ml
葡萄利口酒…20ml
白酒…30ml

▼ 軟飲
糖漿…15ml
蔓越莓汁…30ml
檸檬汁…30ml
蛋白…15ml

做 法

1　將所有材料放入果汁機，打均勻後粗濾至雪克杯中。

2　搖盪後細濾至杯中。

3　最後擺上裝飾物即可。

▼ 裝飾
紫蘇、紅葡萄

◆ 紫蘇伏特加〔註1〕

材 料

伏特加⋯750ml

新鮮紫蘇⋯10g

做 法

1　所有材料放入真空袋後抽真空。

2　以 58°C 低溫烹調 90 分鐘。

3　冷卻後以咖啡濾紙過濾即可。

WEEK 38

ICE BOAT

如何飲用：直接喝
適飲時間：長飲
品飲溫度：1～3°C

看到有高粱又有艾碧斯，別怕！酒感輕重在個人，我們還是來聊聊風味組合：）

高粱是拿來提味的，主要是艾碧斯，用來建構酒體強壯度。香草利口酒的部分很有趣，是不小心倒進去的，但無心插柳柳成汁，嘿嘿～居然出現白可可的口感，於是就保留這份酒譜了。你看，一份酒譜有很多食材、酒類，如果把風味口感視覺化，眼前可見一幅許多破碎個體的鮮豔平面。而調酒就是在拼湊實驗的過程中，找出協調的融合性。

冬天喝 Ice Boat 其實滿溫暖的，來一杯嗎？

INFO

難 易 度：簡易
酒 精 度：適中
建議杯型：Whisky Glass
調 製 法：Muddle、Shake

FLAVOR

〔風味〕 果香、高粱、艾碧斯、
　　　　香草、檸檬、白可可
〔口感〕 酒感適中、酸甜平衡

材 料

▼ 水果

香吉士⋯1 角
檸檬⋯1 角

▼ 酒水

蜂蜜⋯15ml
檸檬汁⋯45ml

▼ 酒水

38 度高粱⋯20ml
艾碧斯⋯30ml
香草利口酒⋯45ml

做 法

1 將水果放入雪克杯中搗出汁。

2 加入酒水及軟飲。

3 搖盪後細濾至杯中。

4 加入冰塊至 8 分滿。

5 最後擺上裝飾物即可。

▼ 裝飾

迷迭香

WEEK 39

梅子冰茶

如何飲用：梅粉搭著酒一起喝
適飲時間：長飲
品飲溫度：1～3°C

你應該也有那種很喜歡喝長島冰茶的朋友，但喝多了也是會膩。梅子冰茶是長島冰茶的 Twist，這杯適合同為長島居民，但想換換口味，也喜歡梅酒的你。

酒譜的梅酒是自己釀的，在這分享一下 Fourplay 做梅酒的小撇步：梅子要小心對待，用小拇指把蒂頭輕輕摳起後，用軟毛刷洗過再泡水，等低溫陰乾後加入琴酒，但，如果你有偏好的味道，可以在酒缸裡加入辛香料。泡完後，唯一指定加入「雙喜冰糖」，甜度不高、吃不膩、質地也很讚，如果你用的缸比較大，建議封缸後放在地上滾，讓梅子與其他酒水溫和地慢慢融合。大概等 6 個月後就能開缸了，因為我們沒有敲裂梅子的程序，因此喝起來比較優雅。

若已趕不及梅子產季，使用現成的梅酒是可以的，也能做好這杯酒。如果還有製作梅酒的其他問題，請私訊喔～在線等你。

INFO

難 易 度：簡易
酒 精 度：濃
建議杯型：Highball 杯
調 製 法：Shake

FLAVOR

〔風味〕 梅酒、果香、蜂蜜、梅粉
〔口感〕 酒感偏重、酸甜平衡

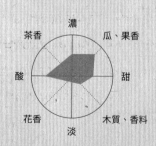

材　料

▼ 酒水
琴酒⋯15ml
伏特加⋯15ml
白色蘭姆酒⋯15ml
金色龍舌蘭⋯20ml
君度橙酒⋯15ml
自製梅酒⋯30ml

▼ 水果
蜂蜜⋯15ml
檸檬汁⋯30ml

做　法

1　把梅酒倒入 Highball 杯，備用。

2　將所有材料加入雪克杯中。

3　搖盪後細濾至杯中。

4　在杯口沾上一圈梅粉，最後擺上梅子即可。

▼ 裝飾
梅粉、梅子

WEEK 40

熱紅酒

如何飲用：直接喝
適飲時間：長飲
品飲溫度：50～60°C

熱紅酒、香料酒是西方國家在聖誕節、感恩節會喝的調酒。很好做，也很討喜。

但要注意的是，加熱不要用「微波爐」，我可以保證會超、難、喝。你可以用快煮壺或快煮鍋，或用小鍋煮完後離火降溫至 70～80°C 再加入蜂蜜，如果喝的時間比較長，覺得溫度不夠，可以再用小火煮一下，但千萬不要煮到大滾喔，味道會跑掉。

柳丁汁的作用能平衡紅酒的澀味，且柳丁汁的果酸柔和，跟紅酒也搭。

INFO

難 易 度：簡易
酒 精 度：適中
建議杯型：熱飲杯
調 製 法：Muddle、Boiling

FLAVOR

〔風味〕 果香、香料調較重、橙香、白蘭地
〔口感〕 酒感適中

材　料

▼ 水果

香吉士…半顆

▼ 軟飲

檸檬汁…45ml

柳丁汁…60ml

蜂蜜…20ml

▼ 酒水

紅酒…150ml

白蘭地…30ml

君度橙酒…15ml

做　法

1　將蜂蜜以外的所有材料放入快煮壺中，另外將水果搗出汁後也倒入。

2　加熱至接近沸騰。

3　過濾出液體並加入蜂蜜攪拌均勻。

4　最後擺上裝飾物即可。

▼ 裝飾

新鮮蔓越莓、金桔、肉桂、迷迭香

WEEK 41

熱琴酒

如何飲用：直接喝
適飲時間：長飲
品飲溫度：50 ～ 55°C

熱琴酒也是香料酒的一種，太常喝熱紅酒的朋友，試試看 Gin 修喔～

這杯特別加入了可樂，覺得很奇妙嗎？可樂本身有種甜味，加熱過程讓氣泡逐漸消失後，能感受到豆蔻、香料、柑橘、香草的味道，對，可樂就是這麼有層次！煮的時候愛注意，先不要加琴酒跟蜂蜜，煮完再加。

INFO

難 易 度：簡易
酒 精 度：適中
建議杯型：熱飲杯
調 製 法：Muddle、Boiling

FLAVOR

〔風味〕 葡萄柚、金桔、伯爵茶
〔口感〕 酒感適中

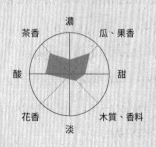

材 料

▼ 水果
金桔（擠汁備用）…6 顆
葡萄柚…2 角

▼ 酒水
甜白香艾酒…60ml
琴酒…45ml

▼ 軟飲
檸檬汁…45ml
可樂…165ml
蜂蜜…20ml
伯爵茶葉…4g

做 法

1 將蜂蜜、琴酒以外的所有材料放入快煮壺中，另外將水果搗出汁後也倒入。

2 加熱至接近沸騰。

3 過濾出液體並加入蜂蜜與琴酒攪拌均勻。

4 最後擺上裝飾物即可。

▼ 裝飾
迷迭香、新鮮綜合水果丁

WEEK 42

AMSTERDAM

如何飲用：直接喝
適飲時間：短飲
品飲溫度：1～3°C

講到荷蘭，腦海就浮現一股 Chill 味，這個崇尚大自然的國家，無論在城市或郊區都有大面積的綠地。這杯酒 Amsterdam 使用新鮮薄荷、羅勒葉，加上荷蘭的琴酒 Genever（琴酒的老祖宗），純喝 Genever 會感受到滿滿的草本騷勁、野性，以上搭配在一起，會有股大自然的氣味。調酒表面撒上斑蘭粉、羅勒葉，尻了一口之後，真的豪想再去荷蘭走走啊～

INFO

難 易 度：簡易
酒 精 度：適中
建議杯型：淺碟香檳杯
調 製 法：Shake、Blender

FLAVOR

〔風味〕薄荷、羅勒、草本、香料
〔口感〕酒感適中、酸甜平衡

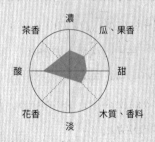

材 料

▼ 水果
薄荷葉…20 片
羅勒葉…4 片

▼ 酒水
琴酒…45ml
荷蘭琴酒…30ml
綠夏翠絲…10ml

▼ 軟飲
糖漿…30ml
檸檬汁…30ml
蛋白…30ml

做 法

1　將所有材料放入果汁機，打均勻後粗濾至雪克杯中。

2　加入蛋白後準備 Dry Shake。

3　搖盪細濾至杯中。

4　最後擺上裝飾物即可。

▼ 裝飾
斑蘭粉、羅勒葉

WEEK 43

開心果

如何飲用：直接喝
適飲時間：長飲
品飲溫度：1～3°C

燕麥奶有沒有喝過？這杯像是大人下班回家想喝的熱牛奶。喝完也可以好好睡了。

這開心果、榛果、核桃、芝麻、夏威夷堅果等等在打碎的過程中，會因為質變作用產生奶香氣息。開心果是很香的果實，磨碎後搭配松露威士忌堆疊氣味層次的厚實感、利口酒更增甜度。

要注意磨碎堅果的過程中，請務必先慢速進行，再慢慢加快速度，若刀片高速旋轉會導致杯內食材生熱，進而產生油耗味，You won't like it.

INFO

難 易 度：簡易
酒 精 度：濃
建議杯型：水晶玻璃瓶
調 製 法：Blender

FLAVOR

〔風味〕堅果、松露、類似奶酒.
〔口感〕酒感偏濃、奶味居重、堅果顆粒感

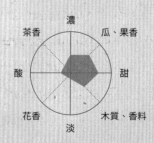

材 料

▼ 食材

去殼開心果…150g

▼ 軟飲

生飲水…200ml

▼ 酒水

松露威士忌…100ml

威士忌…180ml

白可可利口酒…135ml

榛果利口酒…135ml

做 法

1　將所有材料放入果汁機中打勻，並打出香味。

2　濾出後裝瓶保存。

3　要喝的時候在杯中加入碎冰，倒入酒水，最後擺上裝飾物即可。

▼ 裝飾

左手香、新鮮蔓越莓

WEEK 44

紅酒黑醋栗

如何飲用：直接喝
適飲時間：短飲
品飲溫度：1～3°C

如果你喜歡紅酒，但偶爾會嫌酒感不夠重，那我們馬上來做看看這杯紅酒黑醋栗。

白蘭地是葡萄酒蒸餾過後的產物，兩者相加能提升酒精濃度，但為了讓紅酒風味更突出，再 15ml 的黑醋栗利口酒能整理這杯猛獸的調性。

液體的部分佔 6 分滿，4 分空間留給氣味。輕拍一葉玫瑰天竺葵，散出玫瑰的香氣，再滴 5 滴薰衣草苦精，增加香氣的層次，也多鋪上讓人驚喜的香草風味。

喜歡這杯酒嗎？對，華麗就是我的風格。

INFO

難 易 度：簡易
酒 精 度：濃
建議杯型：Coupe Glass
調 製 法：Shake

FLAVOR

〔風味〕 果香、紅酒
〔口感〕 酒感適中、偏甜

材料

▼ 酒水

白蘭地…45ml

紅酒…30ml

黑醋栗利口酒…15ml

▼ 軟飲

蜂蜜…20ml

檸檬汁…45ml

蛋白…30ml

做法

1 將所有材料放入雪克杯中。

2 搖盪後細濾至杯中。

3 最後擺上裝飾物即可

▼ 裝飾

薰衣草苦精、玫瑰天竺葵、
新鮮蔓越莓、炙燒橙乾片

松露歐飛

如何飲用：直接喝
適飲時間：短飲
品飲溫度：1～3°C

使用松露、豬油 Infuse 的蘭姆酒聽起來是否有些驚人？別怕，豬油有快速凝結的特性，能緊緊抓住松露的味道，讓 Old Fashioned 的松露感更加厚實，喝一口之後，會很想吃松露奶油燉飯。

Garnish 何不如就真的搭一塊起司？濃厚的酒體稍微露出一絲鹹奶口感，是冬季美好的熱量組合。

INFO

難 易 度：簡易
酒 精 度：濃
建議杯型：Whisky Glass
調 製 法：Build

FLAVOR

〔風味〕 香料、松露、起司
〔口感〕 酒感很重

材 料

▼ 酒水
松露蘭姆酒[註1]⋯20ml
深色蘭姆酒⋯30ml
安格氏原味苦精⋯2 Drop
安格氏柑橘苦精⋯2 Drop

▼ 軟飲
薑汁啤酒⋯10ml

▼ 食材
鸚鵡糖⋯1 顆

做 法

1 將所有材料放入杯中浸泡。

2 攪拌均勻，待鸚鵡糖部分融化
（也可自行壓碎）。

3 加入大冰塊或一般冰塊。

4 加上薑汁啤酒或加味汽水。

5 最後擺上裝飾物即可。

▼ 裝飾
起司、文心蘭

◆ 松露蘭姆酒〔註1〕

材 料

香料蘭姆酒…700ml
黑松露醬…50g
豬油…10g

做 法

1 將所有材料放入真空袋中抽真空。

2 以 50°C 低溫烹調 15 分鐘。

3 放入冰箱冷凍一晚。

4 取出後以咖啡濾紙過濾即可。

WEEK 46

AVOCADO COFFEE

| 如何飲用：配著氮氣蛋糕、地瓜片
| 　　　　一邊吃一邊喝
適飲時間：長飲
品飲溫度：1～3°C

今年第二季，Fourplay 推出世界城市調酒系列，Avocado Coffee 使用 Mezcal，來自墨西哥的龍舌蘭作為主要風味，但是該如何在一個杯子中同時展現台灣的口感特色呢？

風味跟口感，可以運用不同食材酒體堆疊組合，同時也能加入 Garnish，創造「邊吃邊喝」的飲用方式，讓調酒的味道更有記憶點。

我們使用台灣的花生製作氮氣蛋糕，再把地瓜削成片做成玉蜀黍餅，一糕一片組合成 Garnish 的部分。再來進入酒體，Mezcal 加入咖啡、酪梨、南非國寶茶、雪莉酒，經過一天油洗後，生成煙燻龍眼的味道，剛好是屬於台灣的特色古早味。

不過調酒這回事，也不能說加什麼食材就會產生什麼味道，如果無法在酒體中和諧相融，那就要忍痛割捨繼續尋找。

INFO

難 易 度：困難
酒 精 度：濃
建議杯型：Whisky Glass
調 製 法：Build

FLAVOR

〔風味〕 煙燻烏梅、南非國寶
　　　　茶、雪莉酒
〔口感〕 酒感偏重、微甜

MEMO

關於可食系 Garnish？

氮氣蛋糕吃起來像是喝醉的發糕，變得蓬鬆綿綿的，就像枕頭一樣。但為什麼會想到把蛋糕、酒、咖啡配在一起的原因，其實是一次跟岳父大人在飯店吃飯的時候，他點了酒、我喝咖啡，剛好又來了一塊蛋糕，我就三樣加起來吃，Boom! Avocado coffee 就這樣誕生了。

謝謝岳父大人。

材 料

▼ 酒水

梅茲卡爾（Mezcal）…700ml

艾普羅香甜酒…400ml

PX 雪莉酒 … 400ml

南非國寶茶利口酒…200ml

▼ 軟飲

冰釀咖啡…200ml

無鹽奶油 … 100g

▼ 裝飾

氮氣蛋糕（花生口味）、地瓜片

做 法

1　將奶油以外的所有食材放入果汁機中打勻。

2　將酒水及奶油加入真空袋中後抽真空。

3　以 55°C 低溫烹調 15 分鐘。

4　放入冰箱冷藏一晚。

5　取出後以咖啡濾紙過濾後再裝瓶保存（這就是油洗）。

6　要喝時加入冰塊，倒入酒水，最後擺上裝飾物即可。

龍眼 SOUR

如何飲用：邊吃立體拔絲和龍眼邊
喝，焦糖和煙燻味是同
個香氣調性

適飲時間：短飲

品飲溫度：1～3°C

龍眼 Sour 是以 Whisky Sour 為雛形，可以選用
Maker's Mark 波本威士忌，打下香草、柑橘味的
基底，再加入葡萄柚利口酒、丁香楓糖，提升甜
度與辛香氣。很妙的是丁香遇上楓糖會產生一股
類似煙燻龍眼的古早味，與酒體搭配提升了品飲
的味覺層次，且相當契合。

Garnish 的立體拔絲很酷吧，在完整的柳橙上放
了 1 顆方糖，再滴上幾滴苦精後，用噴槍燒它一
下。因為橘皮油的關係，等焦糖乾了之後，能將
定型的弧形拔絲取下，作為調酒的裝飾。

將酒體裝入 ISO 杯之前，炙燒幾塊龍眼殼，反蓋
杯具煙燻杯體，當這杯調酒接近口鼻的時候，可
再收集到一絲烏龍茶的烘焙味。

INFO

難 易 度：中等

酒 精 度：適中

建議杯型：ISO 杯

調 製 法：Shake

FLAVOR

〔風味〕 果香、葡萄柚、香草、丁香楓糖

〔口感〕 酒感適中、酸甜平衡

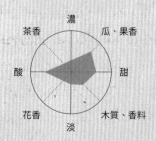

材　料

▼ 酒水

波本威士忌…50ml

葡萄柚利口酒…30ml

馬達加斯加香草利口酒…15ml

▼ 軟飲

葡萄柚汁…30ml

檸檬汁…20ml

丁香楓糖[註1]…20ml

蛋白…30ml

做　法

1　將所有材料放入雪克杯中。

2　搖盪後細濾至杯中。

3　最後擺上裝飾物即可。

▼ 裝飾

龍眼、炙燒龍眼殼薰杯、拔絲焦糖

INFUSE

自製風味酒

◆ 丁香楓糖〔註1〕

材 料

丁香…20g
熱水…100ml
楓糖…200ml

做 法

1 用熱水浸泡丁香。

2 泡到完全冷卻後濾出丁香水。

3 加入楓糖,大約丁香水的2倍量。

4 攪拌均勻即可。

MEMO

關於味道校正練習

身為調酒師,要長期保持對於食材味道口感的敏銳度,資深調酒師的心裡也通常都有大眾普遍喜好口味的大數據,但有時候我仍會進行味道校正練習。舉例來說,想嘗試新食材時,大家可以試試看先捏住鼻子,直接吃看看食材,先感覺味道,你會發現這時對於香氣的感受是沒有的,只會有口感,像是軟硬、稠度…等,然後放開鼻子,這時香氣就出現了,這時對於食材的感受才是完整的,這是因為舌頭感知力大約只有30%的緣故。透過一次又一次的味道校正練習,可以讓自己更細緻地感受食材香氣類型與口感分析!

Maple Sugar

WEEK 48

蛋酒

如何飲用：直接喝
適飲時間：長飲
品飲溫度：2～5°C

蛋酒是經典調酒，適合冬天喝，口感濃郁富有奶香，製作過程繁瑣，但一切都值得。聞起來像是雞蛋糕，酒體可分為兩個層次，上層使用打發蛋白留住風味，下層以蛋黃融合酒體，讓口感更濃郁。蛋酒也歸類在甜點系調酒的一員，甜甜蜜蜜，配著蛋白上方的檸檬絲一起喝，能平衡甜感的綿密度，帶你回到現實。真心建議做蛋酒一定要備手持式攪拌棒，相信我，不然你會做、很、久。

INFO

難易度：中等
酒精度：淡
建議杯型：Whisky Glass
調製法：Shake

FLAVOR

〔風味〕 甜點、紅酒、水蜜桃、
　　　　香料、肉桂
〔口感〕 酒感偏淡、奶味濃郁、
　　　　偏甜

材料

▼ 酒水
深色蘭姆酒…15ml
肉桂威士忌利口酒…10ml
紅酒…10ml

▼ 軟飲
〔Part A〕
（先加入雪克杯中，用手持式攪拌棒打發備用）
蛋黃…30ml
鮮奶…20ml
鮮奶油…15ml
砂糖…10ml

〔Part B · 炙燒蛋白霜〕
（用手持式攪拌棒先打發成蛋白霜裝入公杯中備用）
蛋白…60ml
砂糖…10g
水蜜桃利口酒…10ml
檸檬汁…3ml

▼ 裝飾
檸檬絲

做　法

1　將所有酒水放入 Part A 的雪克杯中。

2　搖盪後細濾至杯中。

3　鋪上蛋白霜，用火杯稍微烤至微焦。

4　最後擺上裝飾物即可。

　　做調酒師 20 多年，被問到最多次的問題就是：「你一定很容易就交到女朋友齁？」

　　調酒師遇到的女生雖然多，但能在一起久的很少，畢竟另一半想共度的重要時刻，我們多半都在工作。情人節上班，白色情人節上班，聖誕節上班，跨年？你也一定猜得到我在哪，吧台滿滿的點單，23：59 的時候看大家開心地倒數，調酒師也在數著眼前還有 5、4、3、2、1 杯酒要做。對那些在乎共度節日的女子，我只能說句：「歹勢」。

　　有一次我媽跟我說，如果她願意接受 3 次無法一起跨年、3 次不能一起過情人節，而且會在最忙的聖誕節到店裡陪你 3 次，那這個人就能共度終生，懂我者老媽也。跟調酒師交往，確實會少掉一些共度節日的記憶，相約吃宵夜的次數可能比晚餐還多，若好好溝通還是沒有辦法取得共識，經歷幾次爆炸性的爭吵後，只希望能和平的安葬愛情。親愛的，不要再生氣了，好嗎：(

　　我師父說，調酒師想追求穿好用好、領高薪、固定上下班時間，可能有點困難，但至少餓不死冷不著。在業界久了，人才來來去去，若真想將調酒師作為終生職業，「熱情」是影響職涯的關鍵。對我來說，我喜歡調酒，我喜歡在酒吧參與客人的人生，有人在這張吧檯相識、求婚、結婚生子，慶祝每一年的生日，在酒吧累積快樂的回憶，當然也會遇到傷心的故事，不過我希望當你走出酒吧時，能將低氣壓留在飲畢的杯底，拎著一份舒爽回家。

　　總結兩句話，什麼人適合當調酒師？入世出家人。什麼人適合做調酒師的女友？學會放下的人。

　　祝有志成為調酒師的各位，愛情都順利。

Allen's talk

BITTER COCKTAILS

酒鬼修業再進階！給專業酒鬼的苦味特調

苦味酒譜　人生滋味、煙硝味

Flight to Islay

吃得苦中苦

巧克羅尼

義大利

永別武器

ALLEN'S TALK

想成為專業酒鬼
一定要吃點苦

　　人剛出生的時候，喜歡的第一種味道是「甜」，就像小朋友吃到糖會 Sugar high，而當年紀漸增，對於味道、刺激的防禦性降低，轉而去追求苦、辣、重口味，或許也是對現實苦悶的發洩出口吧。

　　苦味的色澤，像是帶有材質的黑色，絕對不只是「像感冒藥水、中藥材」這麼簡單的形容，就連感冒藥水也有多種水果口味，是吧？苦味調性百種，創造主體風味後再加入其他辛香料延伸嗅覺與味覺的觸角，這就是苦味的綺美。以肖楠木為主體的苦感來說，可加入豬膽草、龍膽根襯托嗅覺與味覺，讓木桶的香氣更紮實，再堆疊百里香、迷迭香、橙皮、橘皮增加香氣與甜度，這樣的話，苦就不只是字面上的意思而已，也不會讓人那麼排斥了。隨著溫度變化、溶水程度，苦甜木質調性，調酒入喉後重新排列組合，帶來風情萬種的品飲層次。

　　但老實說，接受「苦」，也是面對人生的一種豁達。2021 年疫情對於整個大環境的影響，做餐飲的朋友們更是共同經歷了一場前所未有的冒險，面臨許多壓力跟驚喜，不過老天算給面子，這段時間意外增加了我們與家人相處的機會，苦甜並進，知福惜福。

　　回到正題，真誠地建議你，如果清楚自己喜歡的味道，可以直接跟調酒師溝通，這樣比較容易找到自己喜歡的調酒，畢竟都要花錢喝酒了，何不如讓錢錢變成自己喜歡的樣子？我遇過一種客人，跟朋友一起來酒吧，所有人的調酒都上了之後，專門喝朋友的酒：「喔！這個好酸」、「你喝的太甜了吧」、「啊！好苦」、「這杯我不愛」，請問客人大大你是喜歡吃同學便當的國中生嗎？人生苦短志在享樂，享受自己喜歡的調酒，會過得比較快活、灑脫一些，俗稱大人式的拉風～

　　想要在調酒作品中增加苦味，不妨走一遭大稻埕吧，絕對能讓你靈感大爆發。大稻埕是老台北的通商港口、南北雜貨集散地，大街小巷裡座落著有年紀的中藥店、或是年輕人經營的青草茶店，邊走邊看，能找到各種有趣的乾貨乾料、香料、草藥、小配料，想要做出特殊風味組合或苦味調酒時，是很棒的發想來源。

　　就像以前的總舖師一樣，他們會去那邊找乾燥的干貝鮑魚啦、烹調用的乾貨啦，為了調酒，我會去那邊找些青草茶、蒲公英茶、魚腥草茶、沒看過的青草類等，比方今天想做一個台式的Amaro（台式苦酒），只要去那邊繞繞找材料，就能煮苦酒了。書中有些酒譜使用的材料清單感覺很多，其實去那邊逛逛找找，或直接列出清單給老闆看，大部分的食材都能覓得。如果你嫌出門一趟太麻煩，也可以網購，逛逛蝦皮，還真的什麼都有賣（不是不是業配喔）。

WEEK 49

FLIGHT TO ISLAY

如何飲用：直接喝，苦味細細長長
適飲時間：短飲
品飲溫度：1～3°C

有些人一走進店，會很直接地說：「我要苦的、濃的」，滿喜歡這種直接的客人，接下來我就問：「那你喜歡艾雷島威士忌嗎？」

艾雷島威士忌（Islay Whisky）有很明顯的泥煤煙燻味，搭配藥酒（野格利口酒）添上一層甜度，再加入布勞洛（義大利的草本利口酒）、金巴利平衡苦甜風味。Flight to Islay 是我很喜歡的調酒，苦甜交錯的感覺像我的生活。

INFO

難 易 度：簡易
酒 精 度：適中
建議杯型：淺碟香檳杯
調 製 法：Shake

FLAVOR

〔風味〕 泥煤、橙香、草本
〔口感〕 酒感適中、苦甜平衡、後勁濃郁

材 料

▼ 酒水

艾雷島威士忌…45ml

野格利口酒…10ml

金巴利利口酒…30ml

布勞略草本利口酒…20ml

▼ 軟飲

檸檬汁…30ml

蛋白…30ml

做 法

1　所有材料放入雪克杯中。

2　搖盪後細濾至杯中。

3　最後擺上裝飾物即可。

▼ 裝飾

銅錢草、八角、焙茶粉

WEEK 50

吃得苦中苦

| 如何飲用：直接喝，如果你願意，
　　　　　可以配苦瓜吃，讓心中
　　　　　的苦體現在味蕾上
適飲時間：長飲
品飲溫度：1～3°C

俗語說：「賺錢的是學徒，存錢的才是師傅」，這句話也可以理解為，節儉與儲蓄是提升生活品質的方式。

俗了，以前的諺語放到現代不一定是正確的答案，一個月賺 3 萬多要怎麼存錢？啊總要交際應酬吧？吃一頓好的也要揪一下吧？

這杯酒遲來的苦韻，就像錢錢變成你不喜歡的樣子。把酒放在撲滿裡，喝完之後酒杯空了、撲滿也空了，吃得苦中苦，錢難賺啊！喝啦！

INFO

難 易 度：簡易
酒 精 度：淡
建議杯型：Highball 杯
調 製 法：Blender、Shake

FLAVOR

〔風味〕 果香、苦瓜、小黃
　　　　瓜、青蘋果、薄荷
〔口感〕 酒感偏淡、酸甜適
　　　　中、氣泡感

材 料

▼ 水果
新鮮山苦瓜 …適量
新鮮薄荷葉… 適量

▼ 軟飲
檸檬汁 …50ml
蜂蜜 …30ml
蘋果氣泡水…適量
（不加入果汁機）

▼ 酒水
琴酒…45ml
綠艾碧斯…10ml

做　法

1　將蘋果氣泡水以外的所有材料放入
　　果汁機中打勻，粗濾至雪克杯中。

2　搖盪後細濾至杯中。

3　加入適量蘋果氣泡水至 8 分滿。

4　最後擺上裝飾物即可。

▼ 裝飾
山苦瓜、新鮮薄荷葉、小豬撲滿、掏出
你的零錢與紙鈔

WEEK 51

巧克羅尼

如何飲用：跟巧克力邊吃邊喝
適飲時間：長飲
品飲溫度：1～3°C

巧克羅尼以 Negroni 為概念，將琴酒換成白蘭地。酒譜似有許多苦味的材料，其實苦甜並茂。PX 雪莉酒帶來一股葡萄乾的味道，黑可可與白可可利口酒增加巧克力的香氣，濃縮咖啡再墊一層苦味的底，10ml 的朝鮮薊開胃利口酒加下去，讓 Negroni 感的風味更深刻。

苦甜之間的界定模糊，個體感受不同，因此苦味調酒產生一種不可被期待性的特質，讓你預想不到，喝了才能判斷，這就是「苦」有趣的地方。

INFO

難 易 度：簡易
酒 精 度：淡
建議杯型：Whisky Glass
調 製 法：Stir

FLAVOR

〔風味〕 香料、咖啡、草本、
　　　　橙香、白蘭地、雪莉酒
〔口感〕 酒感偏濃、苦甜平衡、
　　　　入世出家感

材 料

▼ 酒水

蘋果白蘭地…20ml
肉桂威士忌利口酒…10ml
白可可利口酒…10ml
黑可可利口酒…10ml
金巴利利口酒…10ml
PX 雪莉酒…10ml
朝鮮薊開胃利口酒…10ml
君度橙酒…10ml
濃縮咖啡…10ml

做 法

1　將所有材料加入攪拌杯中。

2　加入老冰或一般冰塊。

3　攪拌後倒至杯中並加入冰塊。

4　最後擺上裝飾物即可。

▼ 裝飾

柳橙皮、檸檬桉、咖啡豆、巧克力蓋、
巧克力豆

WEEK 52

義大利

如何飲用：直接喝
適飲時間：短飲
品飲溫度：1～3°C

之前去義大利的時候，一位來自北義的朋友問我要不要體驗看看「純正義大利精神」？當然好啊。

他萃了一杯濃縮咖啡，加上等分的酒渣白蘭地 Grappa（也就是 Caffè Corretto 卡瑞托咖啡），乾杯一飲後，有種被右勾拳打到的 Energy shock。他們說喝了 Grappa 像是在胃打一個洞，讓你吃得更多。

晚上我們一起吃晚餐，8 點上桌，凌晨 2 點才離席，可想而知這段時間吃了多少食物：開胃湯、開胃沙拉、Pasta、義大利麵、丁骨牛排、甜點甜點甜點，中間每個頓點處，都有兩三杯酒，Caffè Corretto 也在其中，苦甜風味讓人印象深刻。

義大利這杯酒以 Caffè Corretto 為雛形，加入金巴利替 Expresso 創造不同風格的苦感，再搭義大利苦酒增加苦的層次，配上科吉紅香艾酒蹭一抹甜度。

INFO

難 易 度：困難
酒 精 度：適中
建議杯型：ISO 杯
調 製 法：Shake

FLAVOR

〔風味〕 草本調、咖啡、黑巧克力
〔口感〕 酒感適中、苦甜平衡、微酸

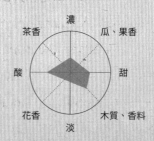

材 料

▼ 酒水

渣釀白蘭地 Grappa⋯45ml

咖啡草本利口酒⋯30ml

金巴利利口酒⋯30ml

柯吉紅香艾酒⋯20ml

自製義大利苦酒[註1]⋯20ml

▼ 軟飲

檸檬汁⋯10ml

濃縮咖啡⋯10ml

做 法

1　將所有材料放入雪克杯中。

2　搖盪後細濾至杯中。

3　最後擺上裝飾物即可。

▼ 裝飾

水晶糖罩、巧克力飾片、

可可豆、食用花

INFUSE

自製風味酒

◆ 自製義大利苦酒〔註1〕

材 料

80度伏特加…250ml

生飲水…225ml

安格式原味苦精…50ml

香菜苦精…20ml

茶苦精…50ml

義老大阿曼羅…430ml

龍膽草本酒…200ml

乾燥蒲公英草…5g

乾燥白馬蝱蚣草…2g

乾燥薄荷…2g

甘草…10g

八角…3g

豆蔻皮…1g

丁香…1g

做 法

1 所有材料放入真空袋中抽真空。

2 以70°C低溫烹調60分鐘。

3 冷卻後以咖啡濾紙過濾即可。

MEMO

如何欣賞調酒中的苦味？

對於部分的台灣朋友來說，嚐到苦味，就聯想到中藥材，這樣的想法或許有些單調，苦感也有不同風格，木質調、草本調、柑橘風味…等，蹭上多種香料層次後，質變成為了一股需要一點經歷、一些味覺的靈敏度，才能意會的美感。

Spirytus

Rektyfikowany

`FINAL!!!`

永別武器

如何飲用：直接喝一口，再吃酒漬
　　　　　櫻桃後，再喝一口，再
　　　　　一直喝喝喝完它
適飲時間：長飲
品飲溫度：1～3°C

靈感來自海明威吞槍自殺的畫面，嘴裡滿滿的煙
硝味。永別武器是本書酒譜最難的一杯調酒了，
請享用～～

喝這杯的時候，先感受第一口，再吃酒漬櫻桃搭
一口酒，就能深刻地品嚐到強烈煙硝感。以白蘭
地浸泡酒漬櫻桃後，櫻桃的酸香味放大至炸裂，
就像那一顆子彈的震撼。

苦不是所有人都喜歡，卻是人生中不可逃避的過
程，當你經歷得越多，可能會越發迷戀這股說不
上來的苦勁，苦甜交織、相知相惜。

INFO

難 易 度：困難
酒 精 度：濃
建議杯型：Whisky Glass
調 製 法：Stir

FLAVOR

〔風味〕草本調
〔口感〕酒感偏重、苦甜平衡、衝擊煙硝感

材 料

▼ 酒水

Ron Barceló Gran Añejo
（特級陳釀蘭姆酒）…45ml

PX 雪莉酒…30ml

風味苦酒註1…15ml

▼ 副材料

檜木屑…少許

肖楠木屑…少許

做 法

1　將冰塊加入威杯中，先冰杯。

2　取出冰塊，將杯子扣在燃燒的
　木屑上蒐集煙燻味。

3　將所有材料放入攪拌杯中。

4　加入老冰或一般冰塊。

5　攪拌後倒至杯中並加入冰塊。

6　最後擺上裝飾物即可。

▼ 裝飾

酒漬櫻桃

INFUSE

自製風味酒

◆ 風味苦酒〔註1〕

材　料

深色萊姆酒…500ml

黑可可利口酒…100ml

芙內布蘭卡…200ml

薄荷芙內布蘭卡…100ml

龍膽草本酒…200ml

巧克力苦精…50ml

黑核桃苦精…50ml

豆蔻苦精…20ml

穿心蓮…3g

魚腥草…3g

甘草…10g

肉桂…5g

豆蔻皮…1g

丁香…1g

做　法

1　將所有材料放入真空袋中抽真空。

2　以 55°C 低溫烹調 40 分鐘。

3　冷卻後以咖啡濾紙過濾即可。

Behind the scenes

2021
Summer & fall

一心一藝 · 過桶圓味

百富首創過桶工藝，專注淬鍊

就像百富14年加勒比海蘭姆桶單一麥芽威士忌

波本與蘭姆，交融出熱帶水果與香草的清甜淡香

富含層次，卻又如此和諧飽滿

呈現如藝術品般的味蕾極致

THE BALVENIE®

百富　單一麥芽威士忌

禁止酒駕 酒後不開車安全有保[

T taste 06

專業調酒瘋玩計劃

跟著調酒師喝調酒、玩調酒、練品味，不用喝掛也能
成為懂酒知識青年

作　　　　　者	——— Allen 鄭亦倫（全書圖片提供）
特 約 採 訪 編 輯	——— Emily 張家宜
封面設計與內文排版	——— Himinndesign 劉佳旻
插　　　　　畫	——— 詹筱帆
責 任 編 輯	——— 蕭歆儀
出　　　　　版	——— 境好出版事業有限公司
出 版 一 部 總 編 輯	——— 紀欣怡
編　　　　　輯	——— 洪尚鈴
行 銷 企 劃	——— 蔡雨庭、黃安汝
業　　　　　務	——— 張世明、林踏欣、林坤蓉、王貞玉
國 際 版 權	——— 施維真、劉靜茹
會 計 行 政	——— 李韶婉、許俽瑪、張婕莛
印 務 採 購	——— 曾玉霞
發　　　　　行	——— 采實文化事業股份有限公司
地　　　　　址	——— 10457 台北市中山區南京東路二段 95 號 9 樓
電　　　　　話	——— (02)2511-9798 傳真：(02)2571-3298
電 子 信 箱	——— acme@acmebook.com.tw
采 實 官 網	——— www.acmebook.com.tw

法律顧問／第一國際法律事務所 余淑杏律師

定　價／550 元
初版一刷／西元 2021 年 11 月
初版六刷／西元 2024 年 5 月
Printed in Taiwan

國家圖書館出版品預行編目(CIP)資料

專業調酒瘋玩計劃
跟著調酒師喝調酒、玩調酒、練品
味，不用喝掛也能成為懂酒知識青年 /
Allen 鄭亦倫著
– 初版.– 臺北市：
境好出版事業有限公司出版：
采實文化事業股份有限公司發行
2021.11
　面；　公分 –(taste)
ISBN　978-626-95211-1-1(平裝)
1.調酒

427.43　　　　　　　　110016767